交通土建类专业来华留学生专用教材
跟我学铁路系列丛书

工 程 力 学

Engineering Mechanics

丛书主编　井国庆

主　　编　曹艳梅　王福星　王立志

中国建材工业出版社

图书在版编目（CIP）数据

工程力学 / 曹艳梅，王福星，王立志主编. －北京：中国建材工业出版社，2023.6

（跟我学铁路系列丛书 / 井国庆主编）

ISBN 978-7-5160-3748-5

Ⅰ. ①工… Ⅱ. ①曹… ②王… ③王… Ⅲ. ①工程力学 Ⅳ. ①TB12

中国国家版本馆 CIP 数据核字（2023）第 059470 号

内 容 简 介

本书系统介绍了工程中的力学理论，共分 11 章，首先介绍了工程力学的基础知识，然后逐章介绍了杆系结构计算简图、平面图形的几何性质、杆件的内力分析、轴向拉压杆的强度计算、梁的强度和刚度计算、压杆的稳定计算、平面体系的几何组成分析、梁和刚架及内力特点、拱结构及内力特点、桁架和组合结构及内力特点。

本书适合铁道工程、土木工程等专业留学生作为教材或自学资料使用，也可供相关留学人员及教师参考使用。

工程力学

GONGCHENG LIXUE

主编　曹艳梅　王福星　王立志

出版发行：中国建材工业出版社
地　　址：北京市海淀区三里河路 11 号
邮　　编：100831
经　　销：全国各地新华书店
印　　刷：北京雁林吉兆印刷有限公司
开　　本：710mm×1000mm　1/16
印　　张：9.5
字　　数：180 千字
版　　次：2023 年 6 月第 1 版
印　　次：2023 年 6 月第 1 次
定　　价：**39.80 元**

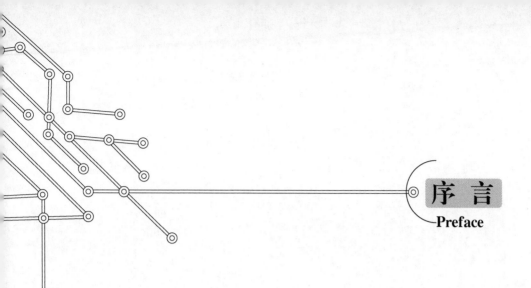

序 言
Preface

2023 年是"一带一路"倡议提出十周年，《跟我学铁路系列丛书》（简称《丛书》）出版是一件喜事。

从事来华留学教育管理工作 20 年来，恰逢中国留学教育快速发展阶段，我非常幸运地参与并见证了北京交通大学轨道交通国际教育的发展壮大。随着中国铁路走出去，以及高铁名片影响力不断增大，学习铁路相关专业的留学生越来越多。学校建设了高铁双语教学虚拟现实实践平台，以满足学生对铁路相关词汇和知识的学习，但浅显易懂、图文并茂，能体现实用性、先进性的系列教材还是空白。

近年来，随着采用中国设备、中国标准、中国管理等不同模式的多条铁路进入运行，如亚吉铁路、蒙内铁路、雅万高铁等，铁路各专业人才的培养与培训需求增加，也将进一步推动相关教材的建设。

《丛书》既可以作为有汉语基础的人士快速学习铁路知识的自学教材，又可以作为对外汉语教师编写铁路专业汉语教材的参考书目，也可以用于海外企业员工的基本能力培训，还可以成为海外企业中国员工与本土员工共同学习及交流的媒介。

《丛书》一定会为从事铁路相关专业的人士所喜爱，成为中国铁路走出去的一座知识桥梁，为"一带一路"建设做出贡献。

北京交通大学国际教育学院　院长

2023 年 4 月

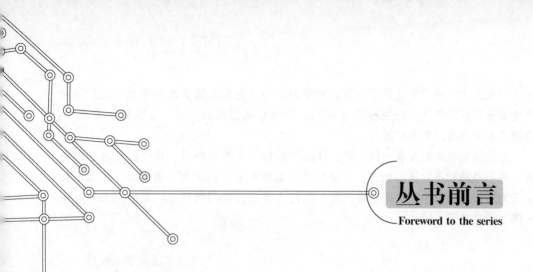

丛书前言
Foreword to the series

　　自 2013 年中国提出"一带一路"倡议以来，共建"一带一路"倡议得到越来越多的国家和国际组织的积极响应，影响力日益扩大。中国与"一带一路"沿线国家以政策沟通、设施联通、贸易畅通、资金融通、民心相通为重点，把理念转化为行动，把愿景转化为现实，不断造福沿线国家人民。

　　今年是"一带一路"倡议提出十周年，恰逢这一重要时刻，《跟我学铁路系列丛书》付梓，令人心情激动。铁路在"一带一路"设施互联互通中，发挥了至关重要的基础性和先导性作用，深受沿线国家的欢迎和期待。十年来，以中老铁路、中泰铁路、匈塞铁路、雅万高铁等合作项目为重点的区际、洲际铁路网络建设取得重大进展。泛亚铁路、巴基斯坦铁路、中吉乌铁路、中国—尼泊尔跨境铁路、中欧班列等合作取得积极进展。据测算，铁路合作直接催生的人才培养和培训需求超过 30 万人。

　　来自"一带一路"沿线国家的留学生来华学习铁路知识的热情持续高涨，北京交通大学已成为接收相关留学生的重要基地。自 1996 年开始，学校已为蒙古国培养了 400 多名专业留学生。100 名肯尼亚留学生通过四年本科专业学习，回国后直接服务蒙内铁路（蒙巴萨至内罗毕铁路，由中国帮助肯尼亚建设，于 2017 年通车运营）的运维。马来西亚政府公务员管理局全额资助 300 名本国学生来校完成本科双学位学习，以服务马来西亚东海岸铁路项目的建设与后期运营管理。

　　在留学生培养过程中，我发现除蒙古国留学生外，其他国家的留学生大都采用英文教学，由于欠缺专业中文方面的学习衔接，导致他们对中国铁路的学习和后续的继续教育存在不足。这些留学生虽然通过了中国的汉语水平（HSK）考试，但是对铁路专业词汇了解得还不够深入，急需在其进入专业学习阶段之前，对铁路的基本词汇有所理解和掌握。这也是我十年前萌生组织编写本套丛书的初衷。

　　语言是连接不同文化的纽带，希望来华留学生能借助《跟我学铁路系列丛书》等专业资料，源源不断地学习中国铁路的技术和管理并付诸实践，与中国铁路工业界保持紧密联系和合作，服务于各国的铁路事业。

　　本丛书主要作为交通土建类相关专业来华留学生的专用教材，同时适用于中国铁路"走出去"后本土化员工的培训和学习。为了更好地服务海外学员，我们还将与企业合作开发专业的应用程序（APP），也计划通过版权合作、版权转让等方式，直接将本丛书推广到海外发行。

中国铁路技术的发展一日千里，铁路国际合作大踏步前行。我们深知本丛书还有一些不成熟和不完善的地方，希望读者或者使用教材的老师不吝赐教。让我们化知识为力量，助力中国铁路纵横四海，践行人类命运共同体理念，更好服务"一带一路"沿线各国人民。

北京交通大学　教授

井国庆

2023 年 4 月

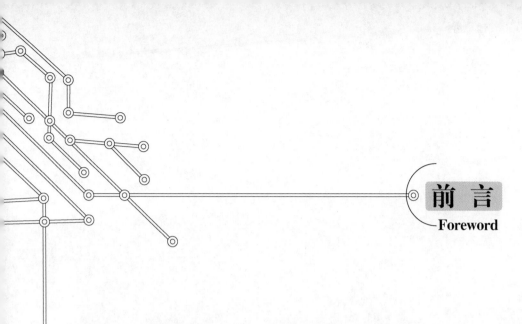

前 言
Foreword

近年来，中国铁路"走出去"的步伐不断加快，足迹遍及亚洲、欧洲、北美洲和非洲，成为"一带一路"建设和国际产能合作的一张靓丽名片，也为全球发展贡献了中国力量。中国铁路建设的宝贵经验和创新探索值得全球铁路技术人员共同学习。工程力学课程是铁道工程、土木工程等专业必修的基础课程，能够为工程技术人员在铁路规划、设计、施工等多个领域的工作和学习提供强有力的理论保障。

本书是《跟我学铁路系列丛书》之一，是在北京交通大学土木建筑工程学院开设的"工程力学""结构力学"课程讲义的基础上，结合作者多年从事本科力学课程教学心得和铁路建设相关科研经验编写而成。全书在内容方面既兼顾了铁道工程、土木工程等专业的力学基础理论知识，又尽可能地介绍当前科研与工业生产领域的最新进展。

本书系统介绍了工程中的力学理论，特别是杆系结构。全书共分 11 章，首先介绍了工程力学基础知识，然后逐章介绍了杆系结构计算简图、平面图形的几何性质、杆件的内力分析、轴向拉压杆的强度计算、梁的强度和刚度计算、压杆的稳定计算、平面体系的几何组成分析、梁和刚架及内力特点、拱结构及内力特点、桁架和组合结构及内力特点。本书摒弃了大量的计算过程，着重介绍力学概念和力学原理，在内容上主要讲述了结构杆件以及静定结构的特点，对于难度较大的超静定结构并未涉及，浅显易懂，适合铁道工程、土木工程等专业留学生作为教材或自学资料使用，也可供相关留学人员及教师参考使用。

本书由曹艳梅、王福星、王立志主编，参编人员包括李喆。王福星、王立志负责书稿的资料收集和部分编写工作，李喆负责部分制图工作，在此一并表示感谢。由于本书涉及的基本概念和基本原理较多，书中难免存在疏漏和不足之处，欢迎专家和读者批评指正。

编 者
2023 年 2 月

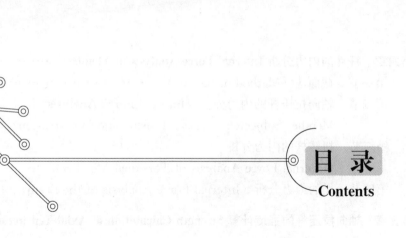

目 录
Contents

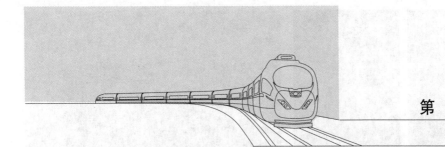

第 一 章

工程力学基础知识

Basic Knowledge of Engineering Mechanics

工程力学是土木、铁道、水利等专业课程体系中最重要的专业基础课之一，它是研究工程结构的受力分析、承载能力的基本原理和方法的科学。如果把土建类专业知识比作一幢大厦，那么工程力学便是这座大厦的基石，工程力学知识是每一个从事土建、水利等专业技术人员必须具备的基本素质。

第一节　工程力学的研究对象（Objects of Engineering Mechanics）

为了承受一定荷载以满足各种使用要求，需要建造不同的工程结构物。例如，房屋（building）、桥梁（bridge）、隧道（tunnel）、水坝（dam）等，如图1-1所示。这些结构物在设计（designing）、施工（construction）、维护（maintenance）等各个阶段，均需对其力学特性进行分析，而这些力学知识的储备则需要从工程力学这门课中获取。

理论力学、材料力学和结构力学，统称土木工程三大力学，所包含的内容极其广泛。本书将三大力学的基础理论知识进行有机整合，重点介绍力学的基本概念和基本原理。针对研究问题的侧重点，理论力学、材料力学和结构力学的研究对象又有所不同。

建筑物中承受荷载并起到骨架作用的部分称为结构（structure）。根据三个维度方向的宏观尺寸，工程结构主要分为三类：

（1）杆系结构（framed structure）

结构中构件的三个方向尺寸中某一个方向的尺寸较其他两个方向的尺寸大得多的称杆系结构，如图1-2（a）所示。

(a) 房屋 　　　　　　　　　　　　　　(b) 桥梁

(c) 隧道 　　　　　　　　　　　　　　(d) 水坝

图 1-1　工程结构（engineering structures）

(a) 杆系结构

(b) 板、壳结构 　　　　　　　　　　(c) 实体结构

图 1-2　常见的结构类型（common types of structures）

（2）板、壳结构（plate or shell structure）

结构中构件的三个方向尺寸中某一方向的尺寸（如厚度）较其他两个方向的尺寸小得多的称板（无曲率变化）、壳（有曲率变化）结构，如图1-2（b）所示。

（3）实体结构（solid structure）

结构中构件的三个方向尺寸相差不多的称为实体结构，如图1-2（c）所示。

本书内容为土木工程经典力学，只限于研究杆系结构。

组成杆系结构的各单独部分称为构件（member）。结构是由若干构件按一定方式相互联结而成的，如图1-3所示。对于结构构件，若在某一个方向上的尺寸比其他两个方向上的尺寸大得多，则称为杆（bar）。图1-3中的梁、柱、楼板下的纵梁和横梁均属于杆类构件，而楼板由于长度和宽度方向的尺寸远大于厚度方向的尺寸，因此属于板类构件。

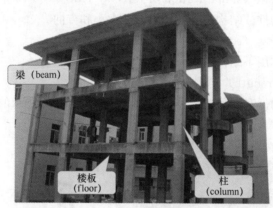

梁（beam）

楼板
(floor)

柱
(column)

图1-3　结构和构件（structure and its members）

在研究杆系结构时，必须对复杂的杆件体系或结构对象进行简化，从而根据研究的目的定义这些对象的力学模型。当研究的结构杆件的运动范围远远大于其本身的大小，它的形状对其运动的影响可以忽略不计时，那么可将该杆件简化为有质量而无几何尺寸的点，称为质点（mass point）。有时可将杆件或杆件体系定义为由多个质点组成的系统，称这类力学模型为质点系（system of mass points）。实际工程构件受力后，几何形状和几何尺寸都要发生改变，当这种变形不可忽略时，则其称为变形体（deformation body）。在研究结构运动时，如果杆件的变形比较小，忽略这种变形对构件的受力分析不会产生什么影响，则变形体可简化为不变形的刚体（rigid body）。当外加荷载消除后，物体的变形随之消失，这时的变形称为弹性变形（elastic deformation）。

理论力学的研究对象主要为质点、质点系、刚体，研究作用在平衡物体上的力及其相互关系。

材料力学的研究对象主要为工程结构中的单个弹性杆件，研究在外力的作用下，工程基本构件内部将产生什么力，这些力是怎么样分布的，工程基本构件将发生什么变形，以及这些变形对工程构件的正常工作产生什么影响。

结构力学的研究对象主要为由弹性杆件组成的工程结构体系，研究结构在外力作用下所产生的内力和位移的基本求解方法，以及结构在动荷载作用下的动力性能。

第二节　工程力学的主要任务（Main Tasks of Engineering Mechanics）

工程结构构件或结构本身在外力作用下丧失正常功能的现象，称为失效或破坏（failure）。工程力学的主要任务是讨论和研究工程结构及构件在荷载或其他因素（温度变化、支座移动）作用下的工作状况，可归纳为如下几个方面的内容：

（1）力系的简化（simplification of force system）

分析并确定构件或结构所受各种外力的大小和方向。

（2）力系的平衡（equilibrium of force system）

研究在外力作用下结构受力、变形和失效的规律。

（3）强度（strength）问题

研究材料、构件和结构抵抗破坏的能力。图 1-4（a）所示的结构破坏形式即为强度破坏。

（4）刚度（rigidity）问题

(a) 强度破坏　　　　　　　　　　　　　　(b) 刚度破坏

(c) 失稳破坏

图 1-4　工程力学的几个主要任务（several main tasks of engineering mechanics）

研究构件和结构抵抗变形的能力。图 1-4（b）所示的结构破坏形式即为由于变形过大而导致的刚度破坏。

（5）稳定性（stability）问题

对于比较细长的中心受压杆，当压力超过一定限值时，杆就不能保持直线形状，而突然从原来的直线形状变成曲线形状，改变它原来受压的工作性质而发生破坏，这种现象称为丧失稳定，或称失稳（instability）。图 1-4（c）所示的结构破坏形式即为失稳破坏。

（6）研究结构体系的几何组成规则（geometrical construction rules）

保证结构各组成部分合理布置，使结构在荷载作用下不致发生强度破坏、刚度破坏和失稳破坏。

第三节　工程力学的基本假定
(Basic Assumptions of Engineering Mechanics)

构件所用的材料虽然在物理性质方面是多种多样的，但它们的共同点是在外力作用下均会发生变形（deformation）。为解决构件的强度、刚度、稳定性问题，应将组成构件的固体材料视为可变形固体（deformable solid）。在进行理论分析时，为使问题得到简化，对材料的性质作如下的基本假定。

（1）连续性假设（continuity hypothesis）

可变形固体内部虽然存在气孔、杂质等缺陷，但其与构件尺寸相比极为微小，可忽略不计。因此假定在材料体积内部充满了物质，密实而无孔隙。在此假设下，物体内的一些物理量才能用坐标的连续函数（continuous function）表示它们的变化规律。

（2）均匀性假设（homogenous hypothesis）

假定材料内部各部分的力学性能是完全相同的。在此假设下，当研究构件时可取构件内任意的微小部分作为研究对象。

（3）各向同性假设（isotropy hypothesis）

认为材料沿各个方向的力学性能完全相同，即物体的力学性能不随方向的不同而改变。

构件在受外力作用的同时将发生变形。在撤除外力后构件能恢复的变形部分称为弹性变形（elastic deformation），而不能恢复的变形部分称为塑性变形（plastic deformation）。在工程实际中，常用的钢材（steel）、铸铁（cast iron）、混凝土（concrete）等材料制成的构件在外力作用下的弹性变形与构件整个尺寸相比是微小的，所以称之为小变形（small deformation）。在弹性变形范围内作静力分析时，构件的长度可按原始尺寸进行计算。

综上所述，当对构件进行强度、刚度、稳定性等力学方面的研究时，把构件材料看作连续、均匀、各向同性、在弹性范围内和小变形情况下工作的可变形固体。

第四节　荷载分类 (Classification of Loads)

在工程中，作用在结构上的力一般分为两种：第一种是使物体运动或使物体有运动趋势的主动力（active force），通常将其称为荷载（loads），例如重力、风压力等；第二种是阻碍物体运动的约束力，通常将其称为反力（reactions），例如图 1-5 中所示的桥梁支座对主梁的竖向支座反力。荷载和反力都是其他物体作用在结构上的力，所以又统称为外力。在外力作用下，结构内各部分之间产生的相互作用的力称为内力（internal forces）。

图 1-5　桥梁支座对主梁的竖向支座反力

(vertical reaction of a bridge support to the main beam)

在工程实际中，结构受到的荷载是多种多样的，为了便于分析，下面将从三个角度对荷载进行分类。

图 1-6　恒荷载和活荷载

(dead load and live load)

（1）根据作用在结构上的时间长短，荷载可分为恒荷载（dead load）和活荷载（live load）。

如图 1-6 所示，恒荷载（dead load）指的是长期作用在结构上的不变荷载，例如构件的自重（dead weight）、土压力（soil pressure）等；活荷载（live load）指的是在施工和建成后使用期间可能或暂时作用在结构上的可变荷载，如汽车荷载、风荷载等。

（2）根据荷载对结构产生的动力效应大小，荷载可分为静力荷载（static load）和动力荷载（dynamic load）。

荷载的大小、方向和位置不随时间变化或变化很缓慢的荷载称为静力荷载。静力荷载不会使结构产生显著的加速度，因而可以略去惯性力的影响，例如结构的自重等。

荷载的大小、方向和位置随时间变化的荷载称为动力荷载。动力荷载能使结构产生不容忽视的加速度，因而必须考虑惯性力的影响，例如风荷载（wind load）、地震作用（earthquake action），如图 1-7 所示。

(a) 风荷载   (b) 地震作用

图 1-7 动力荷载（dynamic load）

（3）根据荷载作用位置是否变化，荷载可分为固定荷载（fixed load）和移动荷载（moving load）

如图 1-8 所示，固定荷载（fixed load）指的是在结构上的作用位置不变的荷载，包括结构的恒载及某些活载（如风、雪等）；移动荷载指的是在结构上的作用位置变化的荷载，如列车荷载、汽车荷载、吊车荷载等。

图 1-8 固定荷载和移动荷载

（fixed load and moving load）

第五节 力、力矩和力偶
(Force, Force Moment and Force Couple)

为了充分考虑荷载对结构的作用，常常在计算分析模型中将荷载简化为力、力矩或力偶。

一、力 (Force)

力是物体间的相互作用。力的作用可以使物体的运动状态发生改变，称为力的运动效应；力也可使物体发生变形，称为力的变形效应。力对物体的作用效应通过力的大小 (magnitude)、方向 (direction) 和作用点 (acting point) 三要素来体现。

力的大小：反映了物体间相互作用的强弱程度，单位为"牛顿"，简称"牛"，记为 N。

力的方向：指的是静止质点在该力作用下开始运动的方向。沿力的方向画出的直线称为力的作用线，力的方向包含力的作用线在空间的方位和指向。

力的作用点：代表了物体相互作用位置。由于实际两物体接触处总会占有一定面积，因此力总是作用于物体的一定面积上。如果这个面积很小，则可将该作用位置抽象为一个点，这时作用力称为集中力或集中荷载 (concentrated force or concentrated load)。例如图 1-9 (a) 所示的汽车车辆通过轮胎作用在桥梁上的力，如果接触面积比较大，力在整个接触面上分布作用，这时的作用力称为分布力 (distributed force)。当分布力沿荷载长度方向均匀分布时，该作用力常称为均布荷载 (uniformly distributed load)，通常用单位长度的力表示沿长度方向上的分布力的强弱程度，称为荷载集度 (density of load)，常用符号 q 表示，单位为 N/m。例如图 1-9 (b) 中钢筋混凝土梁的均布荷载（自重）。

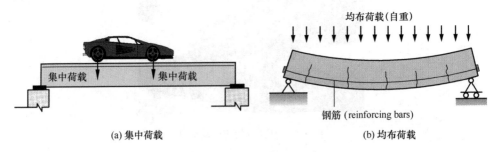

(a) 集中荷载　　　　　　　　　　　(b) 均布荷载

图 1-9　力的概念 (concept of force)

二、力矩 (Force Moment)

当力作用在结构杆件上时，可以使杆件绕某点转动。例如，图 1-10 所示的压水井，当作用力抬动压水井的压杆时，该力将会绕 O 点进行转动。点 O 到力作用点的垂直距离称为力臂（arm of force）。为了度量力 P 使压杆绕点 O 的转动效应，引入力 P 与力臂 l 的乘积作为力 P 对点 O 的矩，简称力矩（force moment），其中 O 点称为力矩中心，简称矩心（center of a force moment）。力矩常用符号 $M_O(P)$ 表示，单位为 N·m，计算公式为：

$$M_O(P) = \pm Pl$$

式中，正负号表示力矩的转动方向，一般设定力 P 使物体绕矩心逆时针转动取正号，反之取负号。

图 1-10　力矩的概念
（concept of force moment）

三、力偶（Force Couple）

两个大小相等、方向相反、作用线互相平行且不在同一直线上的力，组成的力系称为力偶（force couple）。例如，图 1-11 所示司机驾驶汽车时两手作用在方向盘上的一对大小相等方向相反的不共线作用力，即可组成力偶 (P, P')。组成力偶 (P, P') 的两个力所在的平面称为力偶的作用面，力偶的两力之间的垂直距离称为力偶臂（arm of couple）。

力偶中的一个力与力偶臂的乘积称为这一力偶的力偶矩（moment of force couple），计算公式为：

$$M = \pm Pl$$

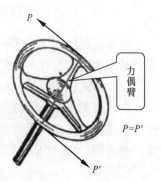

图 1-11　力偶的概念
（concept of force couple）

式中，l 为力偶臂，正负号表示力偶的转动方向，一般设定逆时针方向转动者为正，顺时针方向转动者为负。

在考虑力偶对物体的转动效应时，不需要指明矩心。力偶对自由体作用的结

果使物体绕质心转动。

第六节　杆件的几何特性与基本变形形式
(Geometric Properties and Primary Deformation
Forms of Structural Member)

　　工程力学在研究杆件的强度（strength）、刚度（rigidity）和稳定性（stability）问题时，首先要了解杆件的几何特性及其基本变形形式。杆件的长度方向称为纵向（horizontal direction），垂直长度的方向称为横向（transverse direction）。工程上经常遇到的杆件是指纵向尺寸较横向尺寸大得多的杆件。

　　杆件的几何特性：杆件的形状和尺寸可由杆的横截面和轴线两个主要几何元素来描述。横截面（cross section）是指与杆长方向垂直的截面，而轴线（axis）是各横截面中心的连线。横截面与杆轴线是相互垂直的。杆件横截面和轴线示意如图 1-12 所示。轴线为直线的杆件称为直杆；轴线为曲线的杆件称为曲杆；所有横截面形状和尺寸都相同的直杆称为等截面直杆（straight member with equal section），不同的称为变截面杆（member with variable section）。

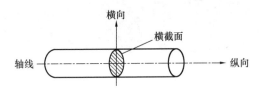

图 1-12　杆件的横截面和轴线
(cross section and axis of structural member)

　　在外荷载作用下，实际杆件的变形是复杂的。但此复杂的变形总可以分解为几种基本变形的形式。杆件的基本变形形式有下列四种。

　　(1) 轴向拉伸或轴向压缩（axial tension or axial compression）

　　在一对大小相等、方向相反、作用线与杆件轴线相重合的轴向外力作用下，使杆件在长度方向发生伸长变形的称为轴向拉伸 [图 1-13（a）]；长度方向发生缩短变形的称为轴向压缩 [图 1-13（b）]。

　　(2) 剪切（shear）

　　在一对大小相等、方向相反、作用线相距很近的横向力作用下，杆件的主要变形是横截面沿外力作用方向发生错动，这种变形形式称为剪切，如图 1-13（c）所示。

　　(3) 扭转（torsion）

　　在一对大小相等、转向相反、作用平面与杆件轴线垂直的外力偶矩 T 作用下，直杆的相邻横截面将绕着轴线发生相对转动，而杆件轴线仍然保持直线，这种变形形式称为扭转，如图 1-13（d）所示。

（4）弯曲（flexure）

如图 1-13（e）所示，在杆的纵向平面内作用着一对大小相等、转向相反的外力矩 M，使直杆任意两横截面发生相对倾斜，且杆件轴线弯曲变形为曲线，此种变形称为弯曲。

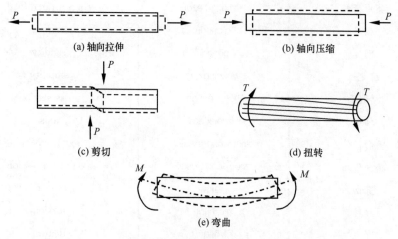

图 1-13　杆件的基本变形形式
（primary deformation forms of structural member）

专业词汇汉英对照（Glossary）

专业词汇	拼音	英文
工程结构	gōngchéng jiégòu	engineering structure
构件	gòujiàn	member
杆系结构	gǎnxì jiégòu	framed structure
板、壳结构	bǎn、qiào jiégòu	plate or shell structure
实体结构	shítǐ jiégòu	solid structure
恒荷载	héng hèzài	dead load
活荷载	huó hèzài	live load
静力荷载	jìnglì hèzài	static load
动力荷载	dònglì hèzài	dynamic load

续表

专业词汇	拼音	英文
固定荷载	gùdìng hèzài	fixed load
移动荷载	yídòng hèzài	moving load
均布荷载	jūnbù hèzài	uniformly distributed load
集中荷载	jízhōng hèzài	concentrated load
强度	qiángdù	strength
刚度	gāngdù	rigidity
稳定性	wěndìngxìng	stability
横截面	héngjiémiàn	cross section
轴线	zhóuxiàn	axis
轴向拉伸	zhóuxiàng lāshēn	axial tension
轴向压缩	zhóuxiàng yāsuō	axial compression
剪切	jiǎnqiē	shear
扭转	niǔzhuǎn	torsion
弯曲	wānqū	flexure

思 考 题（Questions）

1. 什么是杆件结构？试举出几个工程中杆件的实际例子。

2. 荷载是如何分类的？

3. 杆件的基本变形形式主要有哪些？

4. 力、力矩和力偶有何区别和联系？

5. 将下面的英文翻译成中文。

(1) As an engineer or architect involved with the design of buildings, bridges, and other structures, you will be requires to make many technical decisions about structural systems. These decisions include selection an efficient, economical, and attractive structural form; evaluating its safety, that is, its strength and stiffness; and planning its erection under temporary construction loads.

(2) To design a structure, you will learn to carry out a structural analysis that establishes the internal forces and deflections at all points produced by the design loads. Designers determine the internal forces in key members in order to size both members and the connections between members. And designers evaluate deflections to ensure a serviceable structure-one that does not deflect or vibrate

excessively under load so that its function is impaired.

拓展阅读（Extensive Reading）

自然界中的力系与平衡

　　各力的作用线都在同一平面内的力系称为平面力系。在平面力系中，又可以分为平面汇交力系、平面平行力系、平面力偶系和平面一般力系。受力分析的最终目的是确定作用在构件上的所有未知力，作为对工程构件进行强度、刚度与稳定性设计的基础。

　　平衡是指物体相对于惯性参考系处于静止或匀速直线运动状态（图 1-14）。对于工程中的多数问题，可以将固结在地球上的参考系作为惯性参考系，用于研究物体相对于地球的平衡问题，所得结果能很好地与实际情况相符合。作用在刚体上的两个力平衡的必要与充分条件是：两个力大小相等、方向相反、并沿同一直线作用。基本形式的平衡方程为：

$$\left.\begin{array}{l} \Sigma\,F_x = 0 \\ \Sigma\,F_y = 0 \\ \Sigma\,M_\mathrm{O}(F) = 0 \end{array}\right\}$$

式中，$\Sigma\,F_x$ 表示沿 x 方向的合力；$\Sigma\,F_y$ 表示沿 y 方向的合力；$\Sigma\,M_\mathrm{O}$ （F）

图 1-14　平衡的概念

表示所有力对任意点的力矩代数和。

对于一个系统，如果整体是平衡的，则组成这一系统的每一个构件也是平衡的。对于单个构件，如果是平衡的，则构件的每一个局部也是平衡的。

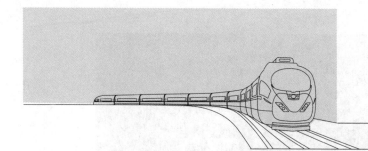

第 二 章

杆系结构计算简图
Computing Model of Framed Structures

实际的工程结构往往是比较复杂的，在结构设计时如果完全严格地按照结构的实际情况进行力学分析，会使问题变得非常复杂，也是不必要的。因此，在对实际结构进行力学分析时，有必要采用简化的图形来代替实际的结构，这种简化了的图形称为结构的计算简图（computing model）。

第一节　杆件的简化 (Simplification of Member)

杆系结构（framed structure）是由细而长的杆件组成的。通常，当杆件的长度大于其截面高度 5 倍以上时，可以用杆件的轴线（axis）来代替杆件，如图 2-1 所示。

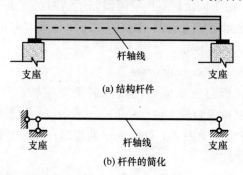

图 2-1　杆件的简化（simplification of member）

例如，铁路钢轨（图 2-2）也是典型的杆系结构，在分析其受力时常常被简化为具有一系列下部支承的无限长梁，计算简图中常用其轴线来代替。

图 2-2 铁路钢轨的简化（simplification of rail structure）

第二节 支座的简化（Simplification of Supports）

将结构物或构件连接在墙、柱、基础等支承物上的装置称为支座（supports），如图 2-1 所示。工程中常用的支座共有四类，每种支座的简化方式也不同。

（1）固定铰支座（pinned supports）

用光滑圆柱铰链把结构物或构件与支承底板连接，并将底板固定在支承物上而构成的支座，称为固定铰支座（pinned supports）。图 2-3（a）中所示的两种支座形式都属于固定铰支座，该类支座在计算简图中常常画为图 2-3（b）所示的简图。图 2-3（c）给出了实际桥梁中采用的一种固定铰支座。

在平面结构中，由于固定铰支座同时限制了结构在支座处沿水平方向和竖直方向的线位移，因此固定铰支座具有水平方向和竖直方向两个支座反力，记为 F_{Ar} 和 F_{Ay}，如图 2-3（b）所示。

（2）活动铰支座（roller supports）

在固定铰支座底板与支承面之间安装若干个辊轴，就构成了活动铰支座（roller supports），又称为辊轴支座（roller supports），如图 2-4（a）所示。该类支座在计算简图中常常画为图 2-4（b）所示的简图。图 2-4（c）给出了实际桥梁中采用的一种活动铰支座。

在平面结构中，由于活动铰支座只限制结构在支座处沿水平方向或竖直方向的线位移，因此活动铰支座只有一个支座反力，反力的方向可沿水平方向，亦可沿竖直方向，记为 F_{Ar} 或 F_{Ay}，如图 2-4（b）所示。

（3）固定支座（fixed supports）

不允许结构在支座连接处发生任何方向的位移，该支座称为固定支座（fixed

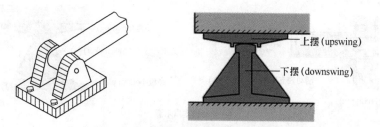

(a) 固定铰支座示意

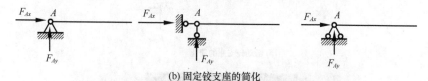

(b) 固定铰支座的简化

(c) 桥梁中的固定铰支座示例

图 2-3　固定铰支座及其计算简图示意

（diagram of pinned supports and its computing model）

supports），如图 2-5（a）所示。该类支座在计算简图中常常画为图 2-5（b）所示的简图。

　　在平面结构中，由于固定支座限制了结构在支座处的所有线位移和角位移，因此固定支座有三个支座反力（reaction at supports），如图 2-5（b）所示，记为 F_{Ax}，F_{Ay} 和 M_A。

　　（4）滑动支座（sliding supports）

　　不容许结构在支承处转动，不能沿垂直于支承面的方向移动，但可沿某一方向滑动的装置，称为滑动支座（sliding supports），又称为定向支座（directional supports），如图 2-6（a）所示。该类支座在计算简图中常常画为图 2-6（b）所示的简图。

　　在平面结构中，由于滑动支座限制了结构在一个方向的线位移和角位移，因

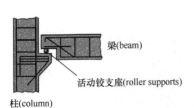
梁(beam)

活动铰支座(roller supports)

柱(column)

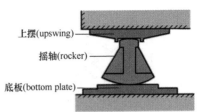
上摆(upswing)

摇轴(rocker)

底板(bottom plate)

(a) 活动铰支座示意

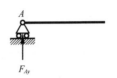

(b) 活动铰支座的简化

(c) 桥梁中的活动铰支座示例

图 2-4　活动铰支座及其计算简图示意
（diagram of roller supports and its computing model）

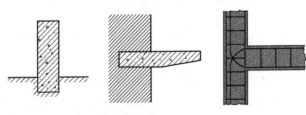

(a) 固定支座示意

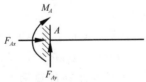

(b) 固定支座的简化

图 2-5　固定支座及其计算简图示意
（diagram of fixed supports and its computing model）

此滑动支座有两个支座反力，如图 2-6（b）所示。

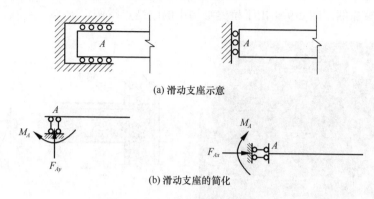

(a) 滑动支座示意

(b) 滑动支座的简化

图 2-6　滑动支座及其计算简图示意
（diagram of sliding supports and its computing models）

第三节　结点的简化（Simplification of Joints）

在结构中，杆件与杆件相连接处称为结点（joints）。工程中常用的结点共有三类，每类结点的简化方式也不同。

（1）铰结点（pinned joints）

图 2-7（a）所示的即为桁架结构中常用的一种铰结点。铰结点的特征：相交于结点的各杆在结点处的杆端不能相对移动，但可以绕结点发生相对的转动，变形前后各杆件之间的夹角可变。铰结点的计算简图如图 2-7（b）所示。

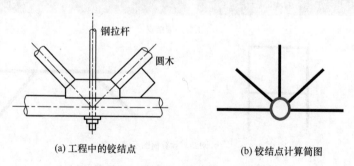

(a) 工程中的铰结点

(b) 铰结点计算简图

图 2-7　铰结点及其计算简图示例
（diagram of pinned joints and its computing model）

（2）刚结点（rigid joints）

如图 2-8（a）所示的某钢筋混凝土框架结构，梁和柱之间的连接不同于铰结点。交会于该结点的各杆相互固结在一起，它们之间既不能相对移动，也不能相对转动，即当结构杆件发生变形时，结点处各杆端之间夹角保持不变，此类结点称为刚结点（rigid joints）。图 2-8（b）为梁柱结点的构造示意，图 2-8（c）为刚结点的计算简图。图 2-9 给出了桥梁结构中的刚结点举例。

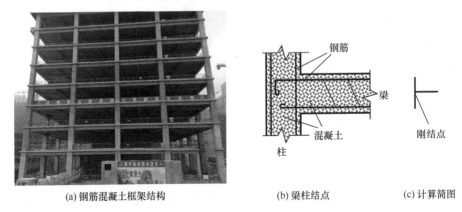

(a) 钢筋混凝土框架结构   (b) 梁柱结点   (c) 计算简图

图 2-8   钢筋混凝土框架结构中的刚结点

（rigid joints in a reinforced concrete framed structure）

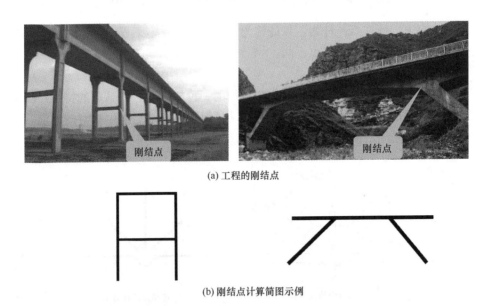

(a) 工程的刚结点

(b) 刚结点计算简图示例

图 2-9   桥梁中的刚结点及其计算简图示例

（example of rigid joints and their computing models in bridges）

（3）组合结点（combined joints）

除了上面的两类结点，还有一种结点：部分杆件之间为铰结点，部分杆件之间为刚结点，如图 2-10（a）所示，该类结点称为组合结点（combined joints），其计算简图如图 2-10（b）所示。

(a) 原图   (b) 计算简图

图 2-10 组合结点及计算简图示例

（example of combined joints and their computing models）

第四节 计算简图举例 （Examples of Computing Model）

举例一：三跨连续梁桥的计算简图如图 2-11 所示（此处略去了结构上的荷载）。

(a) 原结构

(b) 计算简图

图 2-11 三跨连续梁桥及计算简图

（three-span continuous beam and its computing model）

举例二：桁架式屋架结构的计算简图如图 2-12 所示（此处略去了结构上的荷载）。

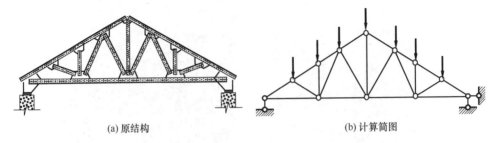

(a) 原结构　　　　　　　　　　　　　　(b) 计算简图

图 2-12　桁架式屋架结构及计算简图

（a roof structure and its computing model）

举例三：单层工业厂房的排架结构及屋顶桁架的计算简图如图 2-13 所示（此处略去了结构上的荷载），其中由于柱子为变截面的，因此计算简图中也应该有体现。

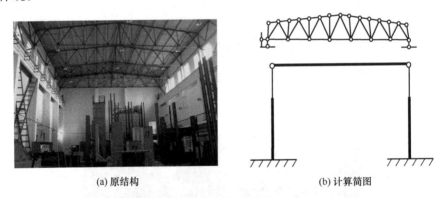

(a) 原结构　　　　　　　　　　　　　　(b) 计算简图

图 2-13　单层工业厂房及计算简图

（an industrial workshop and its computing model）

第五节　隔离体受力分析图 (Free-body Diagram)

无论是研究静力学问题（statics）还是研究动力学问题（dynamics），一般都需要先分析物体的受力情况，这是解决各种力学问题的重要一步。研究物体受力时，假想把所研究物体与周围物体分离（isolated）出来，解除全部约束（restraints），然后画出它所受的全部力，包括主动力（active force）和约束反力（constraint reaction），这样的图形称为隔离体受力分析图（free-body diagram）。

以巴黎塞纳河上的亚历山大三世桥（Pont Alexandre Ⅲ）为例〔图 2-14

(a)］。该桥为三铰拱结构（three-hinged arch），假设其自重均布荷载的集度为 q，拱券上作用有 P_1 和 P_2 两个集中荷载，则其计算简图如图 2-14（b）所示。

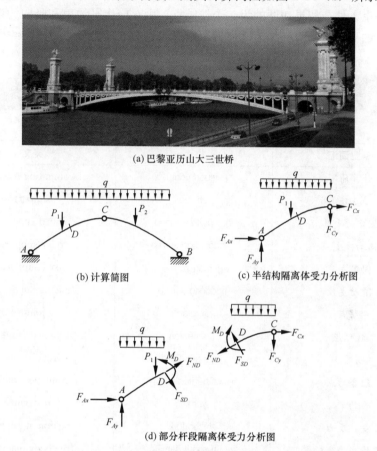

(a) 巴黎亚历山大三世桥

(b) 计算简图　　　(c) 半结构隔离体受力分析图

(d) 部分杆段隔离体受力分析图

图 2-14　隔离体受力分析图示例（example of free-body diagram）

若取一半结构为隔离体，则从 C 铰假想一个截面将整个结构一分为二，左边半结构或右边半结构均为隔离体。以左边半结构为例，则其隔离体受力分析如图 2-14（c）所示，其中 F_{Ax} 和 F_{Ay} 分别为 A 支座的水平支反力和竖向支反力，F_{Cx} 和 F_{Cy} 分别为 C 铰的水平约束力和竖向约束力。若取 AC 杆的一部分杆段 AD 或 DC 为隔离体，则假想一个截面将结构切开，使 AD 杆与周围所有构件分离出来，AD 杆和 DC 杆的隔离体受力分析图如图 2-14（d）所示，其中 D 截面被切开后将暴露出杆件的三个内力，即轴力 F_{ND}、剪力 F_{SD} 和弯矩 M_D。

因此，画隔离体受力分析图的步骤可小结如下：

（1）选取研究对象，取隔离体。可根据解题需要，可以选整体，也可以选单根杆件，或者选几根杆件的组合。

（2）画隔离体所受的主动力（active force）。注意此处的主动力只包含隔离体上所直接承受的外荷载。

（3）根据约束条件画约束反力（constraint reaction）。注意隔离体被切断截面处的约束条件，如果切断的为一个铰结点，则对应水平约束和竖向约束两个约束反力；如果切断的为一根受弯杆件，则对应轴力、剪力和弯矩三个约束反力。

Word 专业词汇汉英对照（Glossary）

专业词汇	拼音	英文
计算简图	jìsuàn jiǎntú	computing model
支座	zhīzuò	support
固定铰支座	gùdìngjiǎo zhīzuò	pinned supports
活动铰支座	huódòngjiǎo zhīzuò	roller supports
固定支座	gùdìng zhīzuò	fixed supports
滑动支座	huádòng zhīzuò	sliding supports
结点	jiédiǎn	joints
铰结点	jiǎojiédiǎn	pinned joints
刚结点	gāngjiédiǎn	rigid joints
组合结点	zǔhé jiédiǎn	combined joints
约束	yuēshù	restraint
支座反力	zhīzuò fǎnlì	reaction at support
隔离体受力分析图	gélítǐ shòulì fēnxītú	free-body diagram
主动力	zhǔdònglì	active force
约束反力	yuēshù fǎnlì	constraint reaction
静力学	jìnglìxué	statics
动力学	dònglìxué	dynamics

思 考 题（Questions）

1. 支座共分为哪几类？各有什么特点？
2. 结点共分哪几类？各有什么特点？
3. 结构计算简图有什么作用？
4. 什么是隔离体受力分析图？作图时应注意什么？

5. 将下面的英文翻译成中文。

(1) As a first step in the analysis of a structure, the designer will typically draw a simplified sketch of the structure or the portion of the structure under consideration. This sketch, which shows the required dimensions together with all the external and internal forces acting on the structure, is called a free-body diagram. When the direction of a force acting on a free body is unknown, the designer is free to assume its direction. If the direction of the force is assumed correctly, the analysis, using the equations of equilibrium, will produce a positive value of the force. On the other hand, if the analysis produces a negative value of an unknown force, the initial direction was assumed incorrectly, and the designer must reverse the direction of the force.

(2) To ensure that a structure or a structural element remains in its required position under all loading conditions, it is attached to a foundation or connected to other structural members by supports. In certain cases of light construction, supports are provided by nailing or bolting members to supporting walls, beams, or columns. Such supports are simple to construct, and little attention is given to design details. In other cases where large, heavily loaded structures must be supported, large complex mechanical devices that allow certain displacements to occur while preventing others must be designed to transmit large loads. Although the devices used as supports can vary widely in shape and form, we can classify most supports in one of four major categories based on the restraints or reactions the supports exert on the structure.

 拓展阅读（Extensive Reading）

中国古木建筑中的榫卯结点

工程结构中的结点类型主要有铰结点、刚结点和组合结点三大类。然而在中国传统的古建筑木结构中，采用的则是一种非常创新的结点形式——榫卯结点（mortise and tenon joints），如图 2-15 所示。这种结点形式具有哪些优点？力学性能又如何？

中国古建筑多是以木构架结构为主要结构方式，通常由立柱、横梁、顺檩等主要构件建造而成，而榫卯是在两个木构件上所采用的一种凹凸结合的连接方式，如图 2-16 所示。凸出部分叫榫（或榫头），凹进部分叫卯（或榫眼、榫槽），榫和卯咬合，起到连接作用。榫卯结构是榫和卯的结合，是木构

图 2-15　中国传统古建筑木结构中的榫卯结点

件之间多与少、高与低、长与短之间的巧妙组合，可有效地限制木构件向各个方向的扭动。

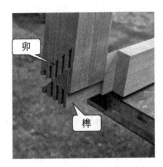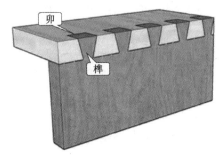

图 2-16　榫卯结点拆解示意图

当结构受到荷载作用时，榫卯结点的工作状态分为以下几个阶段：

（1）在受荷载的最初阶段，榫和卯之间的缝隙不断被压缩，榫卯挤紧，结构构件间产生明显的滑移，此时结点的刚度很小，工作状态可近似为铰结点。

（2）随着荷载的继续增大，榫头会与卯口侧壁挤紧，在两个侧面上产生摩擦力和法向应力共同抵抗外力作用。随着弯矩和轴力的增加，榫卯逐渐挤紧，限制了梁柱间的自由转动，结构刚度提高，并能承担一定的弯矩，明显区别于铰结点，此时榫卯结点的工作状态可近似为半刚性结点。

（3）随着荷载的进一步增加直到达到屈服荷载前，榫卯的连接刚度达到最大，此时的工作状态可近似为刚结点。

（4）当荷载继续增加，后榫头受到卯口挤压，两侧面受压变形，榫头宽度变窄，根据力的相互作用，卯口内壁凹槽被凸榫榫颊挤胀，滑移量增大。虽然所承受的弯矩仍略有增大，但是此时榫卯结点的刚度急剧降低，继续加载由于滑移过大，榫头将会脱卯而出，以至结构破坏。

榫卯是极为精巧的发明，这种构件连接方式，使得中国传统的木结构成为超越了当代建筑排架、框架或者钢架的特殊柔性结构体，不但可以承受较大的荷载，而且允许产生一定的变形，在地震荷载下通过变形抵消一定的地震能量，减小结构的地震响应。

中国古代许多工艺技术都领先于世界水平，即使是到了现在也依然让人为之叹服。榫卯结构就是这些工艺技巧中最为亮丽的一种，它的存在不仅塑造了中国古代的众多华丽建筑，更让这些建筑历经时代的更迭、自然灾害的冲击而依然矗立不倒。

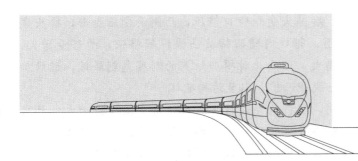

第 三 章

平面图形的几何性质

Geometric Properties of Planar Structural Models

在对结构构件等进行分析和计算时，经常要用到与截面形状和尺寸有关的一些几何量，即平面图形（planar structural models）的几何性质（geometric properties）。本章将重点介绍几种常用的平面图形几何性质。

第一节　物体的重心和形心
(Center of Gravity and Centroid of Object)

地球上的任何物体都受到地球引力的作用，这个力称为物体的重力（gravity）。重力的作用点称为重心（center of gravity），如图 3-1 所示。

图 3-1　重心（center of gravity）

在重力场中，对于质量分布均匀的物体，重心（center of gravity）、质心（center of mass）、形心（centroid）三者重合。

工程中常用的建筑构件，常见的截面形状有：矩形截面（rectangule section）、圆形截面（circle section）、工字形截面（I-shaped section）、T 形截面

（T-shaped section）、槽形截面（channel-shaped section）等，如图 3-2 所示。

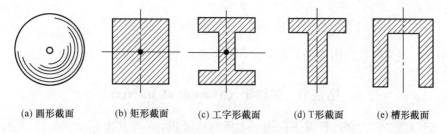

(a) 圆形截面　(b) 矩形截面　(c) 工字形截面　(d) T形截面　(e) 槽形截面

图 3-2　工程结构的常见截面形状

（common section shapes in engineering structures）

对于有两个或两个以上对称轴的平面图形，其形心位置就在对称轴的交点上。对截面只有一个对称轴或没有对称轴的组合图形，可先将其分割为若干个简单图形，然后按式（3-1）求得其形心的坐标。

$$x_c = \frac{\sum A_i x_i}{A}$$
$$y_c = \frac{\sum A_i y_i}{A}$$

(3-1)

式中，A 为平面图形的总面积，mm^2；A_i 为平面图形被分割成的第 i 个简单图形的面积，mm^2；x_i, y_i 为第 i 个简单图形的形心坐标。

第二节　面积矩（Moment of Area）

任意平面图形，设其面积为 A，其上任意微小块的面积为 dA，如图 3-3 所示，则图形上所有微面积 dA 与其坐标 x（或 y）乘积的总和，称为该平面图形对 y 轴（或 x 轴）的面积矩。面积矩的计算公式为：

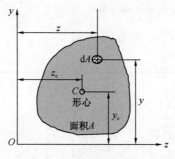

图 3-3　面积矩的计算

（calculation of area moment）

$$S_z = \int_A y\,\mathrm{d}A = Ay_c \Big\}$$
$$S_y = \int_A z\,\mathrm{d}A = Az_c \Big\}$$

(3-2)

式中，C 点为该截面图形的形心；y_c，z_c 为形心坐标。

第三节　惯性矩 (Moment of Inertia)

仍以图 3-3 为例，任意平面图形上所有微面积 $\mathrm{d}A$ 与其坐标 y（或 z）平方乘积的总和，称为该平面图形对 y 轴（或 z 轴）的惯性矩，即：

$$I_z = \int_A y^2\,\mathrm{d}A \Big\}$$
$$I_y = \int_A z^2\,\mathrm{d}A \Big\}$$

(3-3)

表 3-1 列出了一些常见截面图形的面积、形心位置和惯性矩的计算公式，以便查用。

表 3-1　常见截面图形的面积、形心和惯性矩

序号	图形	面积	形心位置	惯性矩
1		$A = bh$	$z_c = \dfrac{b}{2}$ $y_c = \dfrac{h}{2}$	$I_z = \dfrac{bh^3}{12}$ $I_y = \dfrac{hb^3}{12}$
2		$A = bh - b_1 h_1$	$z_c = \dfrac{b}{2}$ $y_c = \dfrac{h}{2}$	$I_z = \dfrac{1}{12}(bh^3 - b_1 h_1^3)$ $I_y = \dfrac{1}{12}(hb^3 - h_1 b_1^3)$
3		$A = \dfrac{\pi D^2}{4}$	$z_c = \dfrac{D}{2}$ $y_c = \dfrac{D}{2}$	$I_z = \dfrac{\pi D^4}{64}$ $I_y = \dfrac{\pi D^4}{64}$

续表

序号	图形	面积	形心位置	惯性矩
4		$A = \dfrac{\pi}{4}(D^2 - d^2)$	$z_c = \dfrac{D}{2}$ $y_c = \dfrac{D}{2}$	$I_z = \dfrac{\pi D^4}{64}\left[1 - \left(\dfrac{d}{D}\right)^4\right]$ $I_y = \dfrac{\pi D^4}{64}\left[1 - \left(\dfrac{d}{D}\right)^4\right]$
5		$A = \dfrac{bh}{2}$	$z_c = \dfrac{b}{3}$ $y_c = \dfrac{h}{3}$	$I_z = \dfrac{bh^3}{36}$ $I_{z_1} = \dfrac{hb^3}{12}$

　　工程中常把惯性矩表示为平面图形的面积与某一长度平方的乘积，即：

$$\left. \begin{array}{l} I_y = Ai_y^2 \\ I_z = Ai_z^2 \end{array} \right\} \quad 或 \quad \left. \begin{array}{l} i_y = \sqrt{\dfrac{I_y}{A}} \\ i_z = \sqrt{\dfrac{I_z}{A}} \end{array} \right\} \tag{3-4}$$

式中，i_y 和 i_z 分别称为平面图形对 y 轴和 z 轴的惯性半径（radius of inertia）。

　　如果平面图形中的任意微面积 dA 乘以该微面积所在位置的横坐标及纵坐标，并且将该乘积沿着整个平面图形的面积进行积分，即：

$$I_{yz} = \int_A yz\,dA \tag{3-5}$$

式中，I_{yz} 称为该平面图形关于 y 轴和 z 轴的惯性积（product of inertia）。

　　从式（3-5）可以看出，如果所选的正交坐标轴（orthogonal axes）中，有一个坐标轴是对称轴，则平面图形对这一对坐标轴的惯性积必为零。当平面图形对某一对正交坐标轴的惯性积为零时，则该对坐标轴称为主惯性轴（principal inertia axes）。平面图形对任一主惯性轴的惯性矩 I_y 和 I_z 称为主惯性矩（principal moments of inertia）。

第四节　组合截面的惯性矩
(Moment of Inertia of Compound Section)

　　同一平面图形对不同坐标轴的惯性矩是不同的，但它们之间存在着一定的关系。如图 3-4 所示，平面图形对平行于形心轴（centroid axis）的坐标轴的惯性矩为：

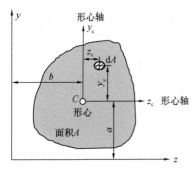

图 3-4　平行移轴公式
（parallel-axis formula）

$$I_z = I_{zc} + a^2 A \\ I_y = I_{yc} + b^2 A \Big\} \quad (3\text{-}6)$$

式（3-6）为惯性矩的平行移轴公式（parallel-axis formula）。它表明，平面图形对任意一轴的惯性矩等于平面图形对与该轴平行的形心轴的惯性矩再加上其面积与两轴间距离平方（square）的乘积（multiplication）。

组合图形指的是由简单图形组成的结构截面形式，工程上常用的组合截面（compound section）如图 3-5 所示。

组合图形对某坐标轴的惯性矩应等于各组成部分图形对同一坐标轴的惯性矩之和，即：

$$I_z = \sum I_{zi} \\ I_y = \sum I_{yi} \Big\} \quad (3\text{-}7)$$

组合图形对形心轴惯性矩的计算步骤如下：

（1）选取参考坐标系（reference coordination system）；

（2）根据各组成部分图形的面积（area）和形心位置（position of centroid），确定组合图形的形心坐标（coordination of centroid）；

（3）确定组合图形的形心轴 y_c 和 z_c；

（4）利用平行移轴公式（3-6）分别计算各部分图形对组合图形形心轴的惯性矩；

（5）根据式（3-7）计算组合截面图形对形心轴的惯性矩。

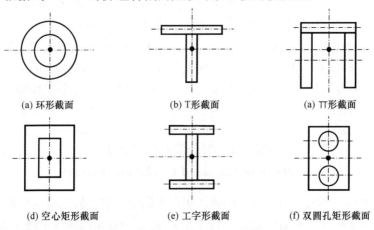

(a) 环形截面　　(b) T形截面　　(a) TT形截面

(d) 空心矩形截面　　(e) 工字形截面　　(f) 双圆孔矩形截面

图 3-5　组合截面示例（examples of several compound section）

　　当然，对于某些特殊图形，完全可以根据图形的分解和组合求解截面惯性矩。例如，欲求图 3-6（a）所示工字形截面绕 z-z 轴的惯性矩，则可根据工字形截面的形状特点，将其认为是由图 3-6（b）所示的大矩形减去左右阴影部分的小矩形而获得。因此，该工字形截面的惯性矩可通过下式计算：

$$I_z = \frac{1}{12}BH^3 - 2 \times \frac{1}{12}\left(\frac{b}{2}\right)h^3 = \frac{1}{12}(BH^3 - bh^3) \tag{3-8}$$

式中，B 和 H 分别为工字形截面的宽度和高度；h 为工字形截面的腹板高度；$b/2$ 为工字形截面的翼缘宽度。

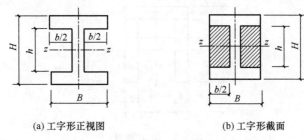

(a) 工字形正视图　　　　　　　　(b) 工字形截面

图 3-6　惯性矩计算举例

（calculation example of moment of inertia）

专业词汇汉英对照（Glossary）

专业词汇	拼音	英文
平面图形	píngmiàn túxíng	planar structural models
几何性质	jǐhé xìngzhì	geometric properties
重心	zhòngxīn	center of gravity
形心	xíngxīn	centroid
质心	zhìxīn	center of mass
坐标系	zuòbiāoxì	coordinate system
矩形截面	jǔxíng jiémiàn	rectangular section
圆形截面	yuánxíng jiémiàn	circular section
工字形截面	gōngzìxíng jiémiàn	I-shaped section
T 形截面	Txíng jiémiàn	T-shaped section
组合截面	zǔhé jiémiàn	compound section
面积矩	miànjījǔ	moment of area
惯性矩	guànxìngjǔ	moment of inertia
惯性积	guànxìngjī	product of inertial
主惯性轴	zhǔguànxìngzhóu	principal inertia axis
形心轴	xíngxīnzhóu	centroid axis
平行移轴公式	píngxíng yízhóu gōngshì	parallel-axis formula

思 考 题 (Questions)

1. 什么是截面的形心？
2. 什么是截面的惯性矩？矩形截面惯性矩计算公式是什么？
3. 组合截面的惯性矩如何求解？
4. 如何求解图 3-7 所示槽形截面的惯性矩，给出计算公式。

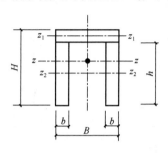

图 3-7 第 4 题图

5. 将下面的英文翻译成中文。

(1) Moment of inertia, inphysics, quantitative measure of the rotational inertia of a body, i. e. , the opposition that the body exhibits to having its speed of rotation about an axis altered by the application of a torque (turning force) . The axis may be internal or external and may or may not be fixed. The moment of inertia, however, is always specified with respect to that axis and is defined as the sum of the products obtained by multiplying the mass of each particle of matter in a given body by the square of its distance from the axis.

(2) In engineering problems of statics, especially in discussing the equilibrium of constrained bodies, we very often encounter the case of three forces in one plane that are in equilibrium. In such cases we shall be interested usually in determining the magnitudes and directions of the reactions arising at the points of support.

拓展阅读 (Extensive Reading)

鸟类站立平衡中的力学问题

生活中有很多有趣的力学现象，下面我们来看看小鸟如何克服重力保持平衡。

　　试分析图 3-8（a）中小鸟站立在树枝上时，为维持平衡小鸟两爪的作用力需要有多大？

　　分析与求解：首先考虑小鸟身体的变化，在某一时刻，小鸟静止，可将其视为刚体。然后考虑小鸟的受力，包括重力、两只爪的作用力。显然，上爪承受拉力和下爪承受支撑力。在此三力中，重力方位线竖直向下，下爪支撑力沿腿作用，但是小鸟位于上侧的腿一方面是弯着的，另一方面紧贴身体，不好判断其受力方向，此时需要根据"三力平衡必汇交"定理来判断上爪拉力的作用线，三力作用线如图 3-8（b）所示。用一个椭圆形代表鸟的身体，保持图中各力方位，分离出受力示意图，如图 3-8（c）所示。

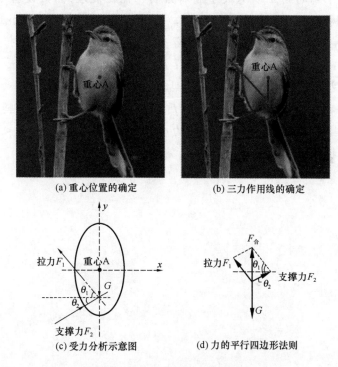

(a) 重心位置的确定　　　　　(b) 三力作用线的确定

(c) 受力分析示意图　　　　　(d) 力的平行四边形法则

图 3-8　小鸟站立平衡中的力学问题

　　为了确定三力之间的关系，再利用"力的可传性"，即力沿着作用线移动不改变力对刚体的作用效果，将三力平移至汇交点，依据"二力平衡条件"可知重力应与两爪作用力的合力相等，求两爪作用力的合力则会用到"力的平行四边形法则"，其关系如图 3-8（d）所示。假设拉力作用线与水平线的夹角为 θ_1（也可等效为支撑力与竖直线的夹角），支撑力作用线与水平线之间的夹角为 θ_2（也可等效为上腿拉力与竖直线的夹角），依据图 3-8（d）的几何关系，利用正弦定理写出如下表达式：

$$\frac{G}{\sin(\theta_1 + \theta_2)} = \frac{F_2}{\sin\left(\frac{\pi}{2} - \theta_1\right)} = \frac{F_1}{\sin\left(\frac{\pi}{2} - \theta_2\right)} \quad (3\text{-}9)$$

由于这里只有 F_1 和 F_2 是未知量，当小鸟的体重已知时，很容易求得：

$$F_1 = \frac{G\cos\theta_2}{\sin(\theta_1 + \theta_2)}; F_2 = \frac{G\cos\theta_1}{\sin(\theta_1 + \theta_2)} \quad (3\text{-}10)$$

讨论：依据式（3-10）可知，小鸟两只爪子的受力主要取决于 θ_1 和 θ_2，以及两角之和的大小。当 $\theta_1 + \theta_2$ 为 90°时，$\sin(\theta_1 + \theta_2) = 1$，取得最大值，此时小鸟两爪的受力可取得最小值。从图 3-8（b）的照片看，$\theta_1 + \theta_2$ 近似为 90°。可见，小鸟的站立姿态做了最省力的"优化处理"。假设当小鸟重心从远至近贴近树枝时，保持 $\theta_1 + \theta_2 = 90°$，并以 θ_1 为自变量来考察小鸟站姿对两腿受力的影响，则式（3-10）简化为式（3-11）：

$$F_1 = G\sin\theta_1 ; F_2 = G\cos\theta_1 \quad (3\text{-}11)$$

由此可见，当小鸟重心从远至近贴近树枝时，θ_1 将由大变小，其变化范围在 0°~90°之间，根据三角函数的性质可知：当 $\theta_1 = 45°$时，两腿受力相等；当 $0° < \theta_1 < 45°$时，有 $F_1 < F_2$，即拉力小于支撑力；当 $45° < \theta_1 < 90°$时，有 $F_1 > F_2$，即拉力大于支撑力。

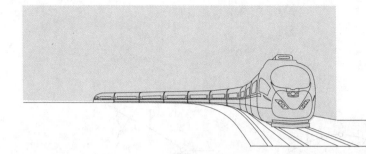

第 四 章

杆件的内力分析
Internal Force Analysis of Member

进行结构的受力分析时，只考虑力的运动效应，可以将结构看作刚体（rigid body）；但进行结构的内力分析时，要考虑力的变形效应，必须把结构作为变形体（deformable body）处理。本章主要介绍杆件的基本变形及相关的重要概念。

第一节　截面法 (Method of Section)

弹性体（elastic body）受力后，由于变形（deformation），其内部各部分之间的相互作用力（interaction forces）将发生改变。这种内力不同于物体固有的内力，而是由于变形而产生的附加内力，简称为内力（internal force）。

任意一个截面上的内力值可用截面法（method of section）确定。用截面法求内力的步骤为：

（1）截开（cut）。在原结构需要求解内力的截面处，假想用任意一个平面将构件切分成两部分。如图 4-1（a）中的 Ⅰ-Ⅰ 截面将原结构完全截开分成 AD 部分和 DCB 部分。

（2）代替（substitute）。保留一部分，弃去另一部分，并以内力（internal force）代替弃去部分对保留部分的作用，做隔离体受力分析图。图 4-1（b）给出了 AD 部分的隔离体受力分析图。

（3）平衡（equilibrium）。对隔离体建立平衡方程（equilibrium equation），即可确定内力的大小和方向。平面内的平衡方程包含三大类：水平方向合力为零；竖直方向合力为零；绕某个截面形心的力矩代数和为零。平衡方程的一般形式为：

$$\left.\begin{array}{l} \sum F_x = 0 \\ \sum F_y = 0 \\ \sum M_D = 0 \end{array}\right\}$$

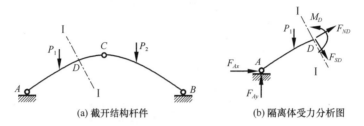

(a) 截开结构杆件   (b) 隔离体受力分析图

图 4-1 截面法（method of section）

第二节 轴向拉压杆的内力分析
(Internal Force Analysis of Member Subjected to Axial Tension and Compression)

当作用于杆件上的外力的合力作用线与杆件轴线重合时，杆件变形表现为沿轴线的伸长或缩短，称该杆件为轴向拉伸与轴向压缩杆，如图 4-2 所示。图 4-3 所示斜拉桥中的斜拉索则为典型的拉压杆。

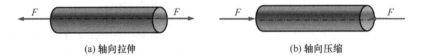

(a) 轴向拉伸   (b) 轴向压缩

图 4-2 轴向拉伸与轴向压缩（axial tension and axial compression）

图 4-3 斜拉桥中的拉索（cables or stays in a cable-stayed bridge）

可用截面法求解图 4-4（a）中所示的拉杆 $m\text{-}m$ 截面上的内力。

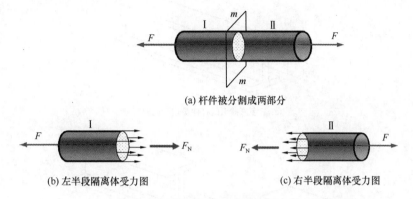

(a) 杆件被分割成两部分

(b) 左半段隔离体受力图　　　　　　　　　(c) 右半段隔离体受力图

图 4-4　截面法求轴向拉杆的内力

（solving of internal force of an axial tension member by the method of section）

根据截面法的切开［图 4-4（a）］、代替［图 4-4（b）或（c）］、平衡（$\Sigma F_x = 0$）三步走，可发现该杆件上只有沿轴线方向的内力，即轴力（axial force），记为 F_N。

轴力是杆受轴向拉伸和压缩时横截面上的内力，是抵抗轴向拉伸和压缩变形的一种抗力（resistance）。轴力的符号（sign）规定为：拉力为正，压力为负。经求解，图 4-4（a）中所示的拉杆 $m\text{-}m$ 截面上的内力 $F_N = F$，结果为正值，说明轴力 F_N 与假设方向一致，为拉力。

对于杆系结构，求解其内力时可直接采用计算简图进行计算，即只考虑其轴线处的截面合力。因此对于任意截面形式的杆系结构，求解内力时不必考虑其截面形式。如图 4-5 所示的轴向受拉的工字形截面，利用截面法即可得其截面轴力 $F_N = F$。

工程上的杆件有时会受到多个沿轴向作用的外力（图 4-6），这时，杆在不同杆段的横截面上将产生不同的轴力。为了直观地反映出杆的各个横截面上轴力沿杆长的变化规律，并找出最大轴力（maximum axial force）及其所在横截面的位置，取与杆轴平行的横坐标（horizontal coordinate parallel with the member axis）x 表示各截面位置，取与杆轴垂直的纵坐标（vertical coordinate perpendicular to the member axis）表示各截面轴力的大小，画出的图形即为轴力图（axial force diagram）。

画轴力图时，规定正的轴力画在横坐标轴的上方，负的轴力画在下方，并标明正负号（plus or minus），如图 4-6 所示。

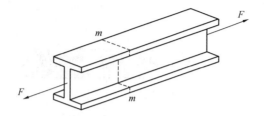

(a) 工字形截面的杆件被切开成两部分

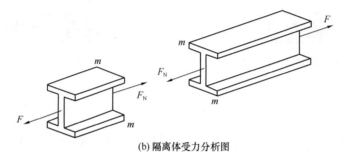

(b) 隔离体受力分析图

图 4-5　截面法适用于任意截面形式

（the method of section is applicable to many members with any sections）

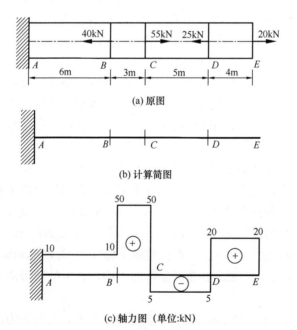

(a) 原图

(b) 计算简图

(c) 轴力图（单位:kN）

图 4-6　轴力图（axial force diagram）

第三节 扭转杆的内力分析
(Internal Force Analysis of Torsional Member)

如果杆的两端承受大小相等、方向相反、作用平面垂直于杆件轴线的两个力偶，如图 4-7 所示，杆的任意两横截面将绕轴线相对转动，这种变形称为扭转（torsion）。

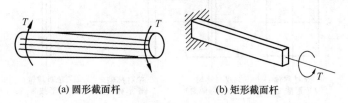

(a) 圆形截面杆　　　　(b) 矩形截面杆

图 4-7　扭转杆（torsional members）

当外力偶 T 确定后，扭转轴横截面上的内力——扭矩（torque）仍然可采用截面法进行计算，如图 4-8 所示。按右手螺旋法则（right-hand thumb rule）规定扭矩的正负号：如果横截面上的扭矩矢量方向与截面的外法线方向一致，则扭矩为正；相反为负。

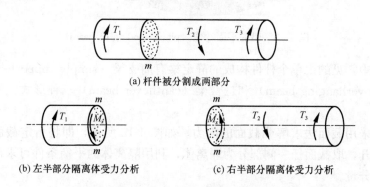

(a) 杆件被分割成两部分

(b) 左半部分隔离体受力分析　　(c) 右半部分隔离体受力分析

图 4-8　截面法求圆轴的扭矩

(solving of torque of a cylinder axis by the method of section)

反映圆轴各横截面上扭矩随截面位置不同而变化的图形，称为扭矩图（torque diagram）。绘制扭矩图的方法和过程与轴力图类似，此处不再赘述。

第四节 梁的内力分析
(Internal Force Analysis of The Beam)

梁（beam）为一种弯曲构件（flexural member），其受力特点为：杆件受到垂直于杆件轴线的外力作用，其轴线将由直线（straight line）变为曲线

（curve）。工程中梁的横截面一般都有一根对称轴（axe of symmetry），如图 4-9 所示，由对称轴组成的平面称为纵向对称面（horizontal symmetry plane）。若梁上所有的外力都作用在该纵向对称面内，梁变形后的轴线必定是一条在该平面内的曲线，这种弯曲（bending）称为平面弯曲（plane bending），如图 4-10 所示。

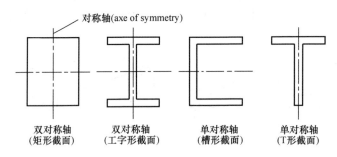

对称轴(axe of symmetry)

| 双对称轴 | 双对称轴 | 单对称轴 | 单对称轴 |
| （矩形截面） | （工字形截面） | （槽形截面） | （T形截面） |

图 4-9　常见梁截面的对称轴
（axes of symmetry for different sections）

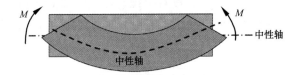

图 4-10　梁的平面弯曲（plane bending of beam）

　　工程中常见的由单个杆件构成的静定梁有简支梁（simply supported beam）、外伸梁（overhanging beam）和悬臂梁（cantilever beam）三种形式，如图 4-11 所示。

　　可以采用截面法求解梁截面的内力。如图 4-12 所示，即将指定截面用一假想截面切开，取截面任一侧部分为隔离体，利用隔离体的平衡条件可求出此截面上的内力分量。

　　由于梁为受弯杆件，当其某一截面被切开后，在该截面上会暴露出三个方向的力［图 4-12（b）］：沿杆轴切线方向的合力，称为轴力（axial force），以拉为正，以压为负；沿杆轴法线方向的合力，称为剪力（shear force），以绕隔离体顺时针（clockwise）转动的剪力为正，绕隔离体逆时针（anticlockwise）转动的剪力为负；外力对截面形心的合力矩，称为弯矩（bending moment），一般假设截面的下侧纤维受拉为正。各内力的符号规定如图 4-13 所示。

　　为一目了然地表示剪力和弯矩沿梁长度方向的变化规律，以便确定危险截面位置和相应的最大剪力和最大弯矩（绝对值）的数值，以平行于梁轴线的坐标轴为横坐标轴，其上各点表示横截面的位置，以垂直于杆轴线的纵坐标表示横截面上的剪力或弯矩，按选定的比例尺，绘出剪力和弯矩的图形，即为剪力图

(a) 工程中的简支梁

(b) 简支梁计算简图

(c) 工程中的外伸梁

(d) 外伸梁计算简图

(e) 工程中的悬臂梁

(f) 悬臂梁计算简图

图 4-11　常见的单跨静定梁

（common statically determinate beam with single span）

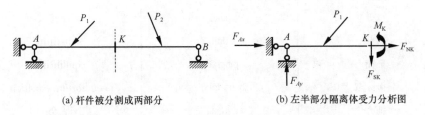

(a) 杆件被分割成两部分

(b) 左半部分隔离体受力分析图

图 4-12　截面法求梁的内力

（solving of internal forces of a beam by the method of section）

（shear diagram）和弯矩图（bending moment diagram）。根据截面法可求解出简支梁承受均布荷载时的各截面剪力和弯矩，绘制出相应的剪力图和弯矩图如图 4-14所示。

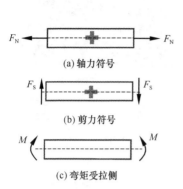

(a) 轴力符号

(b) 剪力符号

(c) 弯矩受拉侧

图 4-13　内力符号的规定
（sign of internal forces）

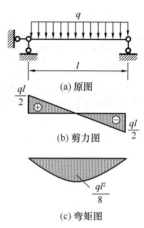

(a) 原图

(b) 剪力图

(c) 弯矩图

图 4-14　简支梁承受均布荷载时的
剪力图和弯矩图（shear diagram and bending
moment diagram of simply supported beam
subjected to the uniformly distributed load）

专业词汇汉英对照（Glossary）

专业词汇	拼音	英文
截面法	jiémiànfǎ	method of section
内力	nèilì	internal force
对称轴	duìchènzhóu	axis of symmetry
截开	jiékāi	cut
代替	dàitì	substitute
平衡	pínghéng	equilibrium
平衡方程	pínghéng fāngchéng	equilibrium equation
轴力	zhóulì	axial force
剪力	jiǎnlì	shear force
弯矩	wānjǔ	bending moment
轴向拉伸	zhóuxiàng lāshēn	axial tension
轴向压缩	zhóuxiàng yāsuō	axial compression
扭转	niǔzhuǎn	torsion
扭矩	niǔjǔ	torque

续表

专业词汇	拼音	英文
弯曲	wānqū	bending
梁	liáng	beam
轴力图	zhóulìtú	axial force diagram
剪力图	jiǎnlìtú	shear diagram
弯矩图	wānjǔtú	bending moment diagram
顺时针	shùnshízhēn	clockwise
逆时针	nìshízhēn	anticlockwise
右手螺旋法则	yòushǒu luóxuán fǎzé	right-hand thumb rule
简支梁	jiǎnzhīliáng	simply supported beam
外伸梁	wàishēnliáng	overhanging beam
悬臂梁	xuánbìliáng	cantilever beam

思 考 题（Questions）

1. 如何利用截面法求解杆件截面的内力？
2. 什么是轴力图、剪力图、弯矩图？
3. 截面内力的符号是如何规定的？
4. 简支梁在均匀荷载作用下的剪力图和弯矩图如何求解？
5. 将下面的英文翻译成中文。

（1）In the statics, shear and moment are the internal forces in a beam or frame produced by the applied transverse loads. The shear acts perpendicular to the longitudinal axis, and the moment represents the internal couple produced by the bending stresses.

（2）If the internal forces at a specified point in a member are to be determined, the method of sections must be used. This requires that a "cut" or section be made perpendicular to the axis of the member at the point where the internal loading is to be determined. A free-body diagram of either segment of the "cut" member is isolated and the internal loads are then determined from the equations of equilibrium applied to the segment. In general, the internal loadings acting at the section will consist of a normal force, shear force, and bending moment.

拓展阅读（Extensive Reading）

桁架式桥梁的起源

在 18 世纪以前，造桥的材料基本上沿用直接取材于大自然的建造材料，即石材、木材、植物纤维。作为建筑材料，木材资源丰富，容易加工，方便运输，容易架设，通常不需要特别的设备和人工。最初的木桥是用砍倒的大树，并排支撑在小溪的两岸（图 4-15），供人畜通过，相当于今天的一跨简支梁；跨越较宽的河流时，树干不够长了，如果河水不深，就在河中堆积石墩，或者将短粗的树干放到河中，充当桥墩，架起多跨简支梁。

图 4-15　最原始的简易木桥

石材、砖块和木材的尺寸都有限，要实现较大空间的跨越，古人发明了拱和桁架。普遍认为，桁架发明于 16 世纪。最初是意大利建筑师帕拉弟奥用木材建造了一些桁架梁屋架和桥梁，并在建筑论述中，对桁架的体系结构做了详细说明。

当河床变深，或者是跨越山谷，无法在桥下立墩了，借用屋架的经验，工匠们知道可以用两根斜杆共同工作，承受竖向力。当屋架三角形用来做桥梁时，荷载施加在下弦，为了减小挠度，需要一个立柱，这就是"国王"柱（king post），如图 4-16 所示；跨度再增大，大约超过 25 英尺至 30 英尺（7～10m），就加两根立柱，成为"王后"柱（queen post），如图 4-17 所示。

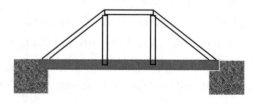

图 4-16　"国王"柱　　　　　图 4-17　"王后"柱

用今天的桁架计算原理，如果桁架结点是铰接的话，图 4-17 所示的双竖杆桁架的中央部分是不稳定结构。不过，若下弦杆是一整根木梁，立柱用榫头连接在主梁上，两根立柱的间距较小，活荷载也很小的话，立柱作用在下弦上的弯矩效应不明显。而当使用活荷载增大，桁架将不可避免地产生变形。显然，木匠在实践中注意到了这个问题，他们在立柱间增加了斜杆，这逐渐形成了下面的两种桁架构造。

第一种就是采用直观的思路，用最短、最直接的路径将跨中荷载传递到桥台，斜杆不是设置在节间，而是一端与竖杆相连，另一端与支座连接，如图 4-18 所示。

另一种是以用最少的材料为原则，形成如图 4-19 所示的桁架。不过，在这个阶段，人们对这种结构形式的认知是，支撑桥面的弦杆是主要受力构件，立柱、斜撑杆和由于跨度的增大而添加的上弦杆，都是次要杆件。因此，立柱、斜杆和上弦用的木材截面都比下弦杆小。

图 4-18 和图 4-19 所示的结构中，最初两个三角形顶点之间没有杆件连接。实践中发现，当桁架较高时，三角形的两个顶点位移很大，虚线所示的弦杆则保证了两个三角形的固定形状。

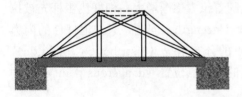 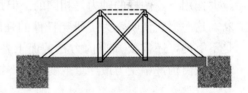

图 4-18　直接传力　　　　　　　　图 4-19　节省材料

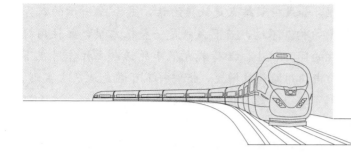

第 五 章

轴向拉压杆的强度计算

Strength Calculation of Axial Tension or Compression Bar

生活中有一个常见的现象：用两种材料制作两根粗细不同的杆件，在相同的拉力作用下，两杆的轴力是相同的。但是随着拉力逐渐增大，细杆比粗杆先被拉断。这一事实说明，为了研究杆件的强度（strength）问题，只知道杆件的内力是不够的，还需要知道内力在截面上各点的分布情况（distribution condition），从而找出构件中受力最严重或变形最严重的危险点位置（dangerous point）。

第一节　应力的概念 (Concept of Stress)

内力（internal forces）是由外力（external forces）或外界因素引起的，且随外力的增加而增加。对一定尺寸的构件来说，从强度（strength）角度来看，内力越大越危险。当内力达到一定值时，构件就要破坏（failure）。当构件在某截面上的内力求出后，还不能判断这个截面的强度是否足够，同样的内力，分布在大的截面面积上就安全，反之就危险，因此杆件的强度不仅和杆件横截面上的内力有关，而且还与横截面的面积有关。根据材料是均匀连续（homogeneous and continuous）的假设，内力在截面上是连续分布的，所以还要知道内力在面积上分布的集中程度，即内力的集度（intensity），称为应力（stress），如图 5-1 所示。

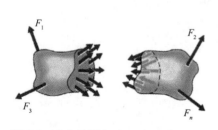

图 5-1　应力的概念（concept of stress）

要研究任意一个截面上某点附近的应

力，可围绕该点取一微小面积。例如，图 5-2 所示的任意一个截面，欲求 P 点附近的应力，取围绕该点的微面积 ΔA，并设 ΔF 是作用于这一微小面积上的内力，则 ΔF 与 ΔA 之比，即为该微面积上的平均应力（average stress）。如果需要求解 P 处一点的应力，可使 ΔA 逐渐向 P 点缩小（ΔF 的大小与方向亦相应地变化），这时 ΔF 与 ΔA 的比值逐渐改变大小和方向，最后取极限（limit）即可得到 P 点的应力，称为全应力（resultant stress）p，计算公式为：

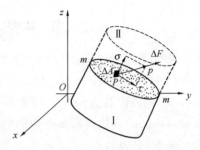

图 5-2　全应力、正应力和剪应力
（resultant stress, normal stress and shear stress）

$$p = \lim_{\Delta A \to 0} \frac{\Delta F}{\Delta A} \tag{5-1}$$

一般情况下，应力 p 既不平行也不垂直于截面，可以把 p 分解为垂直于截面的应力和平行于截面的应力，如图 5-2 所示。垂直于截面的应力称为正应力（normal stress），用符号 σ 表示；平行于截面的应力称为剪应力（shear stress），用符号 τ 表示。

请注意：由于受力物体内各截面上每点的应力一般是不相同的，它随着截面和截面上每点的位置而改变。因此，如果仅仅说明应力的性质和数值，而不说明其所在的位置，那是毫无意义的。当写出应力时，必须要说明该应力是发生在哪一个截面上和截面上的所在位置（图 5-3）。

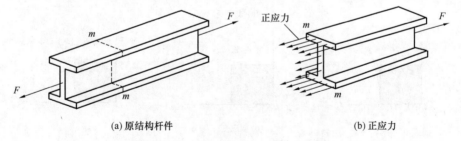

(a) 原结构杆件　　　　　　　　　　　　(b) 正应力

图 5-3　工字形截面杆件受轴拉时的正应力
（normal stress of axial compression member with I-shaped section）

应力的国际单位（unit）是 Pa，也常用 MPa 或 GPa，它们之间的换算关系为：

$1\text{Pa} = 1\text{N/m}^2$；

$1\text{MPa} = 10^6\,\text{N/m}^2 = 1\text{N/mm}^2$；

$1\text{GPa} = 10^3\,\text{MPa} = 10^9\,\text{Pa}$。

第二节 应变的概念 (Concept of Strain)

构件受力后，形状和尺寸会发生变化，这种现象称为变形（deformation）。变形后构件上的各个点、线、面都会发生位置的改变，称为位移（displacement）。构件内各点原来位置到新位置之间的距离，称为该点的线位移（linear displacement）；原有截面在变形后所旋转的角度，称为该截面的角位移（angular displacement）。

不管物体的变形如何复杂，如果设想把物体划分为无数微小的正六面体（边长为 dx、dy、dz），如图 5-4（a）所示，则整个物体的变形就是这些单元体变形的总和。每个单元体的变形中，单位长度的变化量称为线应变（linear strain），六面体棱边间直角的角度变化量称为剪应变（shear strain），如图 5-4（b）所示。以正六面体沿 x 方向的应变（strain）为例，若微六面体的边长为 dx，变形后长度的改变量为 du，并用两个相对量来表示，即可得沿 x 方向的线应变 ε_x：

$$\varepsilon_x = \lim_{dx \to 0} \frac{du}{dx} \tag{5-2}$$

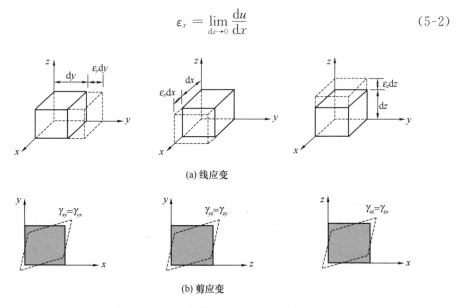

(a) 线应变

(b) 剪应变

图 5-4 线应变和剪应变 (linear strain and shear strain)

第三节 拉压杆横截面上的应力
(Stress on the Cross Section of Tension or Compression Bar)

取一个等截面直杆（straight bar with constant cross section），如图 5-5 所示。当该杆承受一对轴向拉力 F 时，杆件会发生伸长变形。图中实线为变形前的图线，虚线为变形后的图线。由变形后的情况可以看出：横向线 ab 和 cd 仍为直线，且仍然垂直于轴线；ab 和 cd 分别平行移至 $a'b'$ 和 $c'd'$，且伸长量相等。因此可以作出如下假设：变形前原为平面的横截面，在变形后仍保持为平面，且仍垂直于轴线。这个假设称为平截面假设（plane assumption）。

根据平截面假设可以推知拉杆所有纵向纤维（horizontal fiber）的伸长相等。又因材料是均匀的，各纵向纤维的性质相同，因而其受力也就一样。所以，杆件横截面上的内力是均匀分布（uniform distribution），即在横截面上各点的正应力（normal stress）相等，即：

$$\sigma = \frac{F_N}{A} \tag{5-3}$$

式中，F_N 为杆件所受到的轴力；A 为杆件的横截面面积，如图 5-6 所示。

轴向压杆（axial compression bar）具有相同的正应力计算公式。

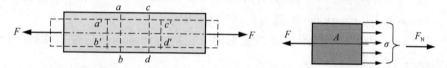

图 5-5　平截面假设（plane assumption）　　　图 5-6　轴力的均匀分布

(uniform distribution of axial force)

第四节　拉压杆的变形
(Deformation of Tension or Compression Bar)

杆受到轴向外力拉伸或压缩时，主要在轴线方向产生伸长（elongation）或缩短（shortening），同时横向尺寸也缩小或增大，如图 5-7 所示。

当材料在线弹性（linear elastic）范围内时，轴向变形符号胡克定律

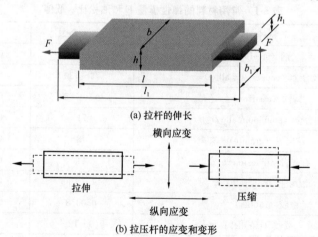

(a) 拉杆的伸长

横向应变

拉伸　　　　　　　　压缩

纵向应变

(b) 拉压杆的应变和变形

图 5-7　拉压杆的变形（deformation of tension or compression bar）

（Hooke's law），即

$$\Delta l = l - l_1 = \frac{F_N l}{EA} \tag{5-4}$$

式中，EA 称为杆的抗拉压刚度（tensile or compressional stiffness），表示杆件抵抗轴向变形的能力。当 F_N 和 l 不变时，EA 越大，则杆的轴向变形越小；EA 越小，则杆的轴向变形越大。

为了反映杆的变形程度，引入杆件的相对变形——轴向线应变（axial linear strain）：

$$\varepsilon = \frac{\Delta l}{l} = \frac{F_N}{EA} = \frac{F_N}{A} \frac{1}{E} = \frac{\sigma}{E} \tag{5-5}$$

或者

$$\sigma = E\varepsilon \tag{5-6}$$

式中，E 为拉伸或压缩时材料的弹性模量（elastic modulus），表示材料抵抗弹性变形（elastic deformation）的能力，单位为 MPa。

式（5-6）表明，当变形为弹性变形时，正应力和轴向线应变成正比（proportional）。

如图 5-7 所示，横向尺寸的缩小会引起横向应变（transverse strain）。当变形为弹性变形时，横向应变 ε' 和轴向应变 ε 的比值为一常数，记为：

$$\varepsilon' = -\nu\varepsilon \tag{5-7}$$

式中，ν 为泊松比（poisson ratio），为一个无量纲（dimensionless）的量，由试验测定。

弹性模量 E 和泊松比 ν 都是材料的弹性常数，表 5-1 给出了一些常用材料的 E、ν 取值。

表 5-1　常用材料的弹性模量 E 和泊松比 ν 取值

材料		E（GPa）	ν
钢（steel）		190～220	0.25～0.33
铜及合金（copper and alloy）		74～130	0.31～0.36
铸铁（castiron）		60～165	0.23～0.27
铝合金（aluminum alloy）		71	0.26～0.33
花岗岩（granite）		48	0.16～0.34
石灰岩（limestone）		41	0.16～0.34
混凝土（concrete）		14.7～35	0.16～0.18
橡胶（rubber）		0.0078	0.47
木材（wood）	顺纹（parallel to grain）	9～12	—
	横纹（perpendicular to grain）	0.49	—

第五节 拉压杆的强度计算
(Strength Calculation of Tension or Compression Bar)

工程材料根据其在荷载作用下的受力应变特征，常分为两大类：脆性材料（brittle material）和延性材料（ductile material）。延性材料指的是那些在荷载作用下产生破坏前能够承受较大应变的材料，这些大应变常伴有明显的横截面尺寸的变化，因此能够在结构破坏前发出警告。而脆性材料在破坏前几乎不发生变形，产生的应变往往低于5%，因此脆性材料常常会无任何征兆地突然破坏。为探究拉压杆的强度，分别选取脆性材料和塑性材料进行标准拉伸试验，标准试件如图5-8所示。

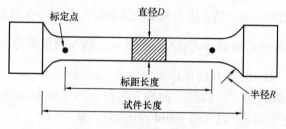

图 5-8 拉伸试验的标准试件
（standard cylindrical test piece）

图5-9为脆性材料和塑性材料进行拉伸试验时获得的应力-应变曲线（stress-strain curve）。可以看出，当脆性材料（brittle material）的应力达到 σ_b（强度极限，strength ultimate）时，材料发生断裂破坏；当塑性材料（plastic material）的应力达到 σ_s（屈服极限，yielding ultimate）时，材料将产生很大的塑性变形

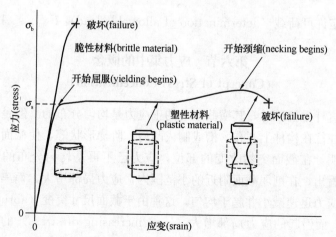

图 5-9 不同材料的应力和应变曲线（stress-strain curves of different materials）

（plastic deformation）。工程上的构件，既不允许破坏，也不允许产生较大的塑性变形，因为较大塑性变形的出现，将改变原来的设计状态，往往会影响杆件的正常工作。因此，将脆性材料的强度极限 σ_b 和塑性材料的屈服极限 σ_s 作为材料的极限正应力（ultimate normal stress），用 σ_u 表示。

要保证杆件安全而正常地工作，其最大工作应力（maximum working stress）不能超过材料的极限应力。但是，考虑到一些实际存在的不利因素后，设计时不能使杆件的最大工作应力等于极限应力，而必须小于极限应力。此外，还需要给杆件必要的强度储备，因此，工程上将极限正应力除以一个大于 1 的安全系数 n，作为材料的容许正应力（allowable normal stress）：

$$[\sigma] = \frac{\sigma_u}{n} \tag{5-8}$$

对于等截面直杆，最大的正应力发生在最大轴力 F_{Nmax} 作用的截面上，即 $\sigma_{max} = \frac{F_{Nmax}}{A}$（其中 A 为杆件的横截面面积）。通常，σ_{max} 所在的平面称为危险截面（dangerous section），把 σ_{max} 所在的点称为危险点（dangerous point）。为了保证拉压杆不致因强度不够而破坏，构件内的最大工作应力（maximum working stress）不得超过其材料的容许应力（allowable stress），即

$$\sigma_{max} = \frac{F_{Nmax}}{A} \leqslant [\sigma] \tag{5-9}$$

式（5-9）称为轴向拉压杆的强度条件（strength condition）。应用该条件可以解决如下三类强度计算（strength calculation）问题：

(1) 强度校核（strength check）：$\sigma_{max} = \frac{F_{Nmax}}{A} \leqslant [\sigma]$；

(2) 设计截面尺寸（size design of cross section）：$A \geqslant \frac{F_{Nmax}}{[\sigma]}$；

(3) 确定许可荷载（determination of allowable load）：$F_{Nmax} \leqslant A[\sigma]$。

第六节　应力集中的概念
(Concept of Stress Concentration)

等截面直杆受拉压时，其横截面上的正应力是均匀分布的。但是由于结构或工作需要，往往在构件上开孔、槽或制成凸肩、阶梯形状等，使截面尺寸突然改变。试验证明，在截面突然改变的部位，应力已不再是均匀分布的，如图 5-10 所示。可以看出，在削弱截面附近的小范围内，应力局部增大，而离开该区域稍远的地方，应力迅速减小并趋于均匀。这种由于截面尺寸突变（abrupt change of section size）而引起的应力局部增大（local increasing of stress）的现象，称为应力集中（stress concentration）。

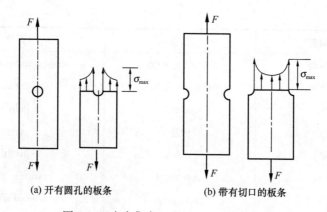

(a) 开有圆孔的板条　　　　(b) 带有切口的板条

图 5-10　应力集中（stress concentration）

应力集中的程度，可用应力集中系数（stress concentration factor）来表示，即

$$\alpha_k = \frac{\sigma_{max}}{\overline{\sigma}_0} \tag{5-10}$$

式中，σ_{max} 为杆件截面的最大应力（maximum stress）；$\overline{\sigma}_0$ 为杆件被削弱处横截面上的平均应力（average stress）。

大量试验结果表明，应力集中系数 α_k 只与构件的形状和尺寸有关，而与材料无关，取值一般在 $1.2\sim3.0$ 范围。为避免应力集中现象，工程中会尽量避免截面的突然变化，例如图 5-11 中采用倒圆角以尽可能最小化应力集中的程度（图5-11）。

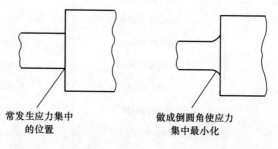

常发生应力集中　　　　　　做成倒圆角使应力
的位置　　　　　　　　　　集中最小化

图 5-11　应力集中的例子（stress concentration）

专业词汇汉英对照（Glossary）

专业词汇	拼音	英文
轴向拉杆	zhóuxiàng lāgǎn	axial tension bar

续表

专业词汇	拼音	英文
轴向压杆	zhóuxiàng yāgǎn	axial compression bar
强度计算	qiángdù jìsuàn	strength calculation
破坏	pòhuài	failure
应力	yìnglì	stress
应变	yìngbiàn	strain
全应力	quányìnglì	resultant stress
正应力	zhēngyìnglì	normal stress
剪应力	jiǎnyìnglì	shear stress
线应变	xiànyìngbiàn	linear strain
剪应变	jiǎnyìngbiàn	shear strain
变形	biànxíng	deformation
位移	wèiyí	displacement
平截面假设	píngjiémiàn jiǎshè	plane assumption
胡克定律	húkè dìnglǜ	Hooke's law
弹性模量	tánxìng móliàng	elastic modulus
泊松比	bósōngbǐ	poisson ratio
抗拉压刚度	kànglāyā gāngdù	tensile or compression stiffness
脆性材料	cuìxìng cáiliào	brittle material
塑性材料	sùxìng cáiliào	plastic material
强度极限	qiángdù jíxiàn	strength ultimate
屈服极限	qūfú jíxiàn	yielding ultimate
最大应力	zuìdà yìnglì	maximum stress
容许应力	róngxǔ yìnglì	allowable stress
应力集中	yìnglì jízhōng	stress concentration

思考题（Questions）

1. 变形和应变有何区别？

2. 两根不同材料的等截面直杆，承受着相同的拉力，它们的截面面积与长度都相等。问：

（1）两杆内力是否相等？

（2）两杆应力是否相等？

（3）两杆的变形是否相等？

3. 轴向拉压杆的强度条件是什么？强度条件有何应用？

4. 何为应力集中现象？应力集中系数如何求解？

5. 将下面的英文翻译成中文。

（1）The internal force systems are distributed throughout the cross section of a structural member in the form of stresses. However, although there are four basic types of internal forces（axial force, shear forces, bending moments, torque）, there are only two types of stress: one which acts perpendicularly to the cross section of a member and one which acts tangentially. The former is known as a normal stress, the latter as a shear stress.

（2）It is the level of stress that governs the behavior of structural materials. For a given material, failure, or breakdown of the brittle structure of the material under load, occurs at a constant value of stress. For example, in the case of steel subjected to simple tension failure begins at a stress of about 300N/mm², although variations occur in steels manufactured to different specifications. This stress is independent of size or shape and may therefore be used as the basis for the design of structures fabricated from steel. Failure stress varies considerably from material to material and in some cases depends upon whether the material is subjected to tension or compression.

 ## 拓展阅读（Extensive Reading）

加拿大魁北克桥的坍塌

1903 年，魁北克铁路桥梁公司请了当时最有名的桥梁建筑师美国的西奥多·库珀来设计建造加拿大圣劳伦斯河上的魁北克大桥（Quebec Bridge）。该桥的最终方案采用了比较新颖的悬臂构造，于 1867 年首次使用，其典型形式是主墩一个方向伸出悬臂跨，由另一方向的锚臂跨平衡。如图 5-12 所示，跨中用简支悬跨连接形成整体结构，简支中跨和悬臂跨自重通过锚臂跨和抗拔墩来平衡。

魁北克大桥是当时最长的悬臂梁结构，悬臂达 171.5m，两悬臂间支撑 205.7m 简支悬跨，梁体离河面 45.7m，初始设计主跨 487.7m。1900 年 5 月，为避免深水墩和冰凌撞击，缩短桥墩施工时间，大桥建造工程师西奥多·库珀将主跨增加到 548.6m。虽然跨度改变表面上是基于工程技术考虑，但跨度

图 5-12 魁北克大桥

的增加也使库珀成为了当时建造全世界最长悬臂梁桥的工程师。

　　然而这一杰作却因存在设计问题，自重过大使桥身无法承受而发生了重大事故。1907 年 8 月 29 日，悲剧发生了，下午 5 时 32 分，正当投资修建这座大桥的人士开始考虑如何为大桥剪彩时，人们忽然听到一阵震耳欲聋的巨响——主跨悬臂已悬拼至接近完成时，南侧一个下弦杆由于缀条薄弱等原因而突然压溃，导致悬臂坠入河中。19000t 钢材以及当时正在桥上作业的 86 名工人落入水中，由于河水很深，工人们或是被弯曲的钢筋压死，或是落水淹死，共有 75 人罹难（图 5-13）。

图 5-13 坍塌后的魁北克大桥

　　事故后政府接手了施工工作，1913 年，这座大桥的建设重新开始，新桥主要受压构件的截面面积比原设计增加了一倍以上，然而不幸的是悲剧再次发生。1916 年 9 月，由于悬臂安装时一个锚固支撑构件断裂，桥梁中间段再次落入圣劳伦斯河中，并导致 13 名工人丧生。1917 年，在经历了两次惨痛的悲剧后，魁北克大桥终于竣工通车。

1922 年，在魁北克大桥竣工不久，加拿大的七大工程学院（"The Corporation of the Seven Wardens"）一起出钱将建桥过程中倒塌的残骸全部买下，并决定把这些事故钢材打造成一枚枚戒指，发给每年从工程系毕业的学生。然而由于当时技术的限制，桥梁残骸的钢材无法被打造成戒指，于是这些学院只好用其他钢材代替。不过为了体现是桥坍塌的残骸，戒指被设计成被扭曲的钢条形状，用来纪念这起事故和在事故中被夺去的生命。于是，这一枚枚戒指就成为了后来在工程界闻名的"工程师之戒"（Iron Ring，图 5-14）。这枚戒指要戴在小拇指上，作为对每位工程师的一种警示。

图 5-14　工程师之戒

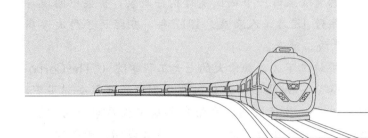

第 六 章

梁的强度和刚度计算

Strength and Stiffness Calculation of Beam

　　工程中常用的钢筋混凝土梁，当施加的外力过大时，梁体在最大弯矩作用截面的下缘会首先出现裂缝（图 6-1），然后裂缝逐渐向上扩展而导致梁的破坏。这是因为荷载产生的截面弯矩使得梁体发生变形，从而使得梁的下部截面纤维伸长而受到拉伸，拉应力（tensile stress）超过了混凝土材料的极限拉应力（ultimate tensile stress）而产生的裂缝，最后导致了梁的破坏（failure）。另一方面，即使梁不破坏，如果变形过大，同样不能发挥正常的结构功能。例如，高速铁路在轨道梁上高速行驶时不允许不平顺。因此在桥梁的设计和计算中，强度（strength）和刚度（stiffness）是工程要求需要满足的两个非常重要的指标。

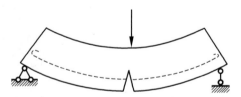

图 6-1　简支梁受力破坏（stress failure of
simply supported beam）

第一节　梁横截面上的正应力
(Normal Stress on Cross Section of Beam)

　　当杆件承受垂直于其轴线的外力或位于其轴线所在平面内的力偶作用时，其轴线将弯曲成曲线，这种受力和变形形式称为弯曲（bending），主要承受弯曲的杆件称为梁（beam）。根据内力分析的结果，梁弯曲时，将在弯矩最大的横截面处发生破坏。这种最容易发生失效的截面称为"危险截面"（dangerous section）。欲知道梁体横截面上哪一点最先发生失效，必须知道横截面上的应力是如何分布的。

　　本章考虑所有外力（包括力、力偶）都作用在梁的同一主轴平面内，此时梁的轴线弯曲后将弯曲成平面曲线，这一曲线位于外力作用平面内，这种弯曲称为平面弯曲（plane bending）。以承受两个集中荷载的简支梁模型为例［图 6-2（a）］，根据截面法可求出每个截面的内力，进而作出该梁的剪力图和弯矩图［图 6-2（b）和图 6-2（c）］。从图 6-2 中可以看出，CD 梁段只有弯矩而没有剪力，像这种梁段的平面弯曲称为纯弯曲（pure bending）；AC、DB 段梁的各横截面不仅有弯矩而且还有剪力，这表明在发生弯曲变形（bending deformation）的同时，还伴有剪切变形（shear deformation）的发生，这种平面弯曲称为横力弯曲（non-uniform bending）。

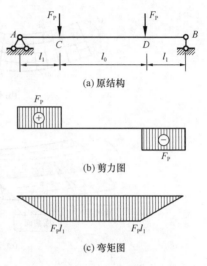

图 6-2　某简支梁的剪力图和弯矩图
（shear and moment diagrams of a simply supported beam）

　　为了研究纯弯曲梁横截面上的正应力（normal stress），以矩形截面梁为例［图 6-3（a）］，通过试验观察梁的变形情况，总结变形规律，从而进一步推得应力的分布规律。为了更好地观察梁的变形情况，试验前在梁表面画一些与梁轴平行的纵线和与纵线垂直的横线。然后通过在梁的两端施加一对外力偶 M，使梁发生纯弯曲变形，如图 6-3（b）所示。从图中我们可以观察到：

　　（1）纯弯曲状态下，所有纵线都弯成曲线，靠近底面（凸边）的纵线伸长了，而靠近顶面（凹边）的纵线缩短了。

　　（2）纯弯曲状态下，所有沿轴线方向的横线仍保持为直线，只是相互倾斜了一个角度，但仍与弯曲的纵线平行。

　　（3）纯弯曲状态下，矩形截面上部的纵线缩短，截面变宽，表示上部各根纤维受压缩；截面下部的纵线伸长，截面变窄，表示下部各根纤维受拉伸。

　　由上面观察到的现象，想要得出横截面上的正应力计算公式，还需综合考虑几何、物理和静力学三方面因素。

　　（1）几何关系（geometrical relationship）

　　首先根据上述试验现象作出如下假设：在纯弯曲时，梁的横截面在梁弯曲后

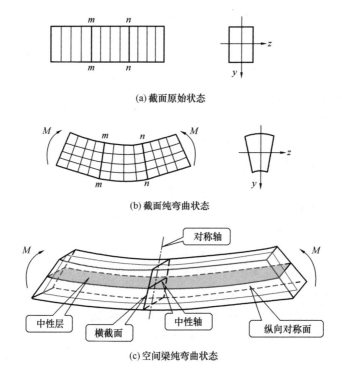

(a) 截面原始状态

(b) 截面纯弯曲状态

(c) 空间梁纯弯曲状态

图 6-3　梁的纯弯曲现象（pure bending phenomena of a beam）

仍保持为平面，且仍垂直于弯曲后的梁轴线，此假设为弯曲问题的平面假设（plane assumption）。从上部各层纤维缩短到下部各层纤维伸长的连续变化中，中间必有一层长度不变的过渡层，我们将其称为中性层（neutral surface）。中性层与横截面的交线称为中性轴（neutral axis），如图 6-3（c）所示。中性轴将横截面分为受压和受拉两个区域。

利用相邻两横截面 mm 和 nn 从梁上截取的长为 dx 的微段，如图 6-4 所示，其中设 O_1O_2 为中性层，O 点为梁体受力转动后中性层的曲率中心（center of curvature），ρ 为中性层的曲率半径，则距离中性层为 y 处的纵向纤维 ab 的线应变

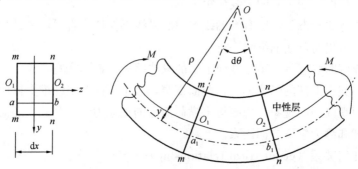

图 6-4　纵向纤维的线应变（linear strain of longitudinal fiber）

(linear strain) 为：

$$\varepsilon = \frac{a_1b_1 - ab}{ab} = \frac{(\rho + y)\mathrm{d}\theta - \rho\mathrm{d}\theta}{\rho\mathrm{d}\theta} = \frac{y}{\rho} \qquad (6\text{-}1)$$

由式（6-1）可得，横截面任意一点处的纵向线应变 ε 与该点至中性轴的距离 y 成正比。

（2）物理关系（physical relationship）

假设纵向纤维只受单向拉伸或压缩，在正应力不超过比例极限（proportionality limit）时，由胡克定律（Hooke's law）可以得到：

$$\sigma = E\varepsilon \qquad (6\text{-}2)$$

式中，E 为材料的弹性模量。

将式（6-2）代入式（6-1）便可得正应力沿横截面高度分布的数学表达式：

$$\sigma = E\varepsilon = \frac{E}{\rho}y \qquad (6\text{-}3)$$

从式（6-3）可以看出纯弯曲梁横截面上任意一点处的正应力与该点至中性轴的距离成正比，即正应力沿着截面的高度呈线性分布（linear distribution），中性轴上各点的正应力均为零，如图 6-5 所示。这一表达式虽然给出了横截面上的应力分布，但仍然不能用于计算横截面上各点的正应力，这是因为尚有两个问题没有解决：一是 y 坐标是从中性轴开始计算的，中性轴的位置还没有确定；二是中性层的曲率半径 ρ 也没有确定。

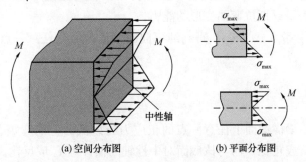

(a) 空间分布图　　　(b) 平面分布图

图 6-5　纯弯曲梁正应力沿梁横截面的分布规律

(distribution law of normal stress along cross section of
the pure bending beam)

（3）静力学关系（statics relationship）

根据横截面存在正应力这一事实，正应力这种分布力系（图 6-5）在横截面上可以组成一个轴力和一个弯矩。然而，根据截面法和平衡条件，纯弯曲时梁体横截面上只能有弯矩一个内力分量，轴力必须等于零。因此，根据横截面上正应力对应的内力分量（图 6-6），将其沿横截面面积积分：

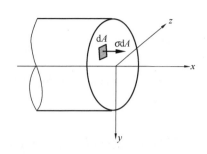

图 6-6 横截面上正应力对应的
内力分量 (internal force component
corresponding to normal stress)

$$\left.\begin{array}{l} \int_A \sigma \mathrm{d}A = F_N = 0 \\ \int_A (\sigma \mathrm{d}A)y = M \end{array}\right\} \qquad (6\text{-}4)$$

式中，M 为作用在加载平面内的弯矩，可由截面法求得。

将正应力表达式（6-3）代入式（6-4）可得：

$$\frac{E}{\rho}\int_A y^2 \mathrm{d}A = M \qquad (6\text{-}5)$$

由于积分表达式 $\int_A y^2 \mathrm{d}A$ 正好就是梁的横截面对于 z 轴的惯性矩 I_z，因此式（6-5）可化简为：

$$\frac{1}{\rho} = \frac{M}{EI_z} \qquad (6\text{-}6)$$

此即纯弯曲梁的变形曲率与截面弯矩之间的关系式。可以看出，中性轴的曲率 $\frac{1}{\rho}$ 与加载平面内的截面弯矩 M 成正比，与截面特性 EI_z 成反比。因此，梁在外力作用下，如果某横截面上的弯矩越大，则该处梁的弯曲程度就越大；而 EI_z 值越大，则梁越不易弯曲，因此将 EI_z 称为梁的抗弯刚度（bending stiffness），其物理意义是表示梁抵抗弯曲变形的能力。

将式（6-6）带入式（6-3）得到纯弯曲时梁横截面上任意一点处正应力的计算公式：

$$\sigma = \frac{My}{I_z} \qquad (6\text{-}7)$$

可以看出，梁横截面上任意一点的正应力与该截面上的弯矩 M 以及该点到中性轴的距离 y 成正比，而与该截面对中性轴的惯性矩 I_z 成反比。I_z 既与截面的形状有关，又与截面的尺寸有关。

第二节　梁横截面上的切应力
(Shear Stress on Cross Section of Beam)

在横力弯曲（nonuniform bending）的情况下，梁的横截面上一般有剪力存在，其截面上与剪力对应的分布内力在各点的强弱程度称为切应力（shear stress），用希腊字母 τ 表示。由切应力互等定理（shear stress reciprocal theorem）可知，在平行于中性层的纵向平面内也有切应力的存在。

在矩形梁截面中，首先对截面切应力分布进行假设：

（1）横截面上各点处的切应力方向都平行于剪力 F_Q。

（2）切应力沿截面宽度均匀分布（uniform distribution），即离中性轴等距离的各点处的切应力相等。

则切应力的计算公式为：

$$\tau = \frac{F_Q S_z}{I_z b} \tag{6-8}$$

式中，F_Q 为所求切应力点所在横截面上的剪力；b 为矩形截面的宽度；I_z 为整个横截面对其中性轴的惯性矩（moment of inertia）；S_z 为所求切应力处横线以下（或以上）的面积 A^* 对中性轴的静矩（static moment of an area）。

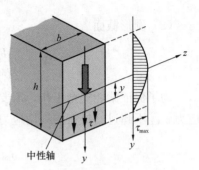

切应力 τ 沿截面高度按二次抛物线规律变化，如图 6-7 所示。当 $y = \pm h/2$ 时，即在横截面上距中性轴最远处，切应力 $\tau = 0$；当 $y = 0$ 时，$\tau = \tau_{max}$，即中性轴上的切应力最大，其值为 $\tau_{max} = 1.5\dfrac{F_Q}{A}$，即矩形截面上的最大切应力为截面上平均切应力的 1.5 倍。

图 6-7 切应力沿截面的变化规律
（the variation law of shear stress
along the cross section）

第三节 梁的强度计算 (Strength Calculation of Beam)

利用前两节求出的应力公式，便可对梁中的最大应力（maximum stress）进行计算，进而通过建立应力强度条件对梁的强度进行计算。最大正应力所在的截面称为危险截面（dangerous section），对于等截面直梁，弯矩绝对值最大的截面就是危险截面。危险截面上最大应力所在的点被称为危险点或临界点（critical point），它距离中性轴最远。

对于中性轴是截面对称轴的梁，其最大正应力值 σ_{max} 为：

$$\sigma_{max} = \frac{M_{max} y_{max}}{I_z} \tag{6-9}$$

若令

$$W_z = \frac{I_z}{y_{max}} \tag{6-10}$$

则

$$\sigma_{max} = \frac{M_{max}}{W_z} \tag{6-11}$$

式中，M_{max} 为截面上的最大弯矩；y_{max} 为截面上沿 y 方向离中性轴最远的距离；

I_z 为关于 z 轴的截面惯性矩；W_z 称为抗弯截面系数 (anti-bending section coeffi-cient)，其值与截面形状和尺寸有关，常用单位为 m^3 或 mm^3。

对于矩形截面和圆形截面，抗弯截面系数可直接按式 (6-10) 求得：

（1）矩形截面

$$W_z = \frac{I_z}{y_{max}} = \frac{bh^3/12}{h/2} = \frac{1}{6}bh^2 \tag{6-12}$$

（2）圆形截面

$$W_z = \frac{I_z}{y_{max}} = \frac{\pi d^4/64}{d/2} = \frac{1}{32}\pi d^3 \tag{6-13}$$

为了保证梁能安全工作，需要满足梁的正应力强度条件，即梁的最大工作正应力 σ_{max} 不超过其材料的许用应力 (allowable stress) $[\sigma]$，其公式为：

$$\sigma_{max} = \frac{M_{max}}{W_z} \leqslant [\sigma] \tag{6-14}$$

如果梁的材料是脆性材料 (brittle material)，其抗压和抗拉许用应力不同，应分别建立拉应力和压应力的强度条件公式。

运用正应力强度条件，可解决梁的三类强度计算问题：

（1）强度校核 (checking of strength)：$\sigma_{max} = \dfrac{M_{max}}{W_z} \leqslant [\sigma]$。

（2）设计截面尺寸 (designing of section size)：$W_z \geqslant \dfrac{M_{max}}{[\sigma]}$。

（3）确定许可荷载 (determining of allowable loads)：$M_{max} \leqslant [\sigma]W_z$。

梁的最大切应力 τ_{max} 一般发生在最大剪力 F_{Qmax} 所在截面的中性轴上各点处，其公式可归纳为：

$$\tau_{max} = \frac{F_{Qmax}S_{zmax}}{I_z b} \tag{6-15}$$

式中，S_{zmax} 为中性轴一侧截面对中性轴的静矩；b 为横截面在中性轴处的宽度。与正应力强度计算一样，为保证梁能安全正常工作，梁在荷载作用下产生的最大切应力也不能超过材料的许用切应力 (allowable shear stress) $[\tau]$，即

$$\tau_{max} = \frac{F_{Qmax}S_{zmax}}{I_z b} \leqslant [\tau] \tag{6-16}$$

在梁进行强度计算时必须同时满足正应力强度条件和切应力强度条件。由于弯曲正应力是控制梁强度的主要因素，因此可根据梁的正应力强度条件采取以下两方面的措施来提高梁的强度。

（1）合理安排梁的支座或荷载来降低最大弯矩值

例如，图 6-8（a）所示为受均布荷载作用的简支梁，其最大弯矩值为 $\dfrac{ql^2}{8}$，如果将两个支座向跨中方向移动 0.2l，则最大弯矩降为 $\dfrac{ql^2}{40}$；图 6-8（b）所示把一个集中力分为几个较小的集中力并分散布置，梁的最大弯矩也会明显减小。

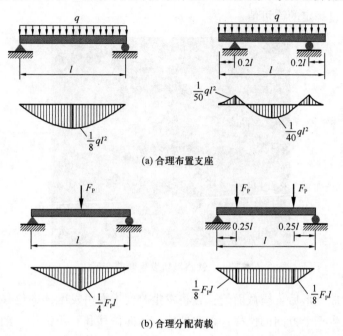

(a) 合理布置支座

(b) 合理分配荷载

图 6-8　提高梁强度的措施（measures to improve beam strength）

（2）采用合理的截面形状

由于最大弯曲正应力 $\sigma_{max} = \dfrac{M_{max}}{W_z}$，因此为了使 σ_{max} 尽可能地小，必须使 W_z 尽可能地大。但是，梁的横截面面积 A 有可能随着 W_z 的增加而增加，这意味着要增加材料的消耗。要想同时满足 W_z 和 A 的有利条件，可以通过采用合理截面使横截面的 $\dfrac{W_z}{A}$ 数值尽可能大。$\dfrac{W_z}{A}$ 的数值与截面形状有关，可根据截面尺寸直接算出。

以宽度为 b、高度为 h 的矩形截面为例，当横截面竖直放置，而且荷载作用在竖直对称面内时，$\dfrac{W_z}{A} = 0.167h$；当横截面横向放置，而且荷载作用在短轴对称面内时，$\dfrac{W_z}{A} = 0.167b$。如果 $h/b = 2$，则截面竖直放置时的 $\dfrac{W_z}{A}$ 的值是截面横向放置时的两倍。显然，矩形截面梁竖直放置比较合理。当截面面积一定而需要设计截面形状时，一般将较多的截面面积布置在离中性轴较远的地方。

第四节 梁的变形（Deformation of Beam）

梁在外力作用下将产生弯曲变形（图 6-9），如果弯曲变形过大，就会影响结构的正常工作，因此梁在满足强度条件的同时，还应满足刚度条件，即限制梁的变形不能超过一定的许可值。

图 6-9　铁路钢轨发生弯曲变形

梁在弯曲变形后，横截面的位置将发生改变进而引发梁体的位移。轴面内的梁可能会发生三个方向的位移：轴向位移、横向位移和转角位移。轴向位移是指横截面形心沿梁轴线方向的位移。在小变形情形下，轴向位移为高阶小量，故通常不予考虑。因此，度量梁变形后横截面位移的两个基本量是横向位移和转角位移，即挠度（deflection）和转角（rotation angle）。

如图 6-10 所示，悬臂梁任意横截面形心沿着 y 轴方向的线位移 CC' 称为该截面的挠度，通常用 w 来表示，单位为 mm 或 m；梁任意一个横截面相对于原来位置所转动的角度，称为该截面的转角，用 θ 表示，单位为弧度（rad）。梁在平面弯曲的情况下，其轴线为一光滑连续的平面曲线，如图 6-10 中的 AC'，称为梁的挠曲线（deflection curve）。

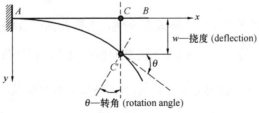

图 6-10　梁的挠度和转角
(deflection and rotation angle of beam)

利用梁在纯弯曲时的曲率（curvature）表达式 $\dfrac{1}{\rho} = \dfrac{M_z}{EI_z}$，并利用微分学中平面曲率与挠度曲线方程之间的关系式 $\dfrac{1}{\rho} = \dfrac{\mathrm{d}^2 w}{\mathrm{d}x^2}$，可推导出梁曲线的近似微分方程（differential equation）为：

$$\frac{\mathrm{d}^2 w}{\mathrm{d}x^2} = -\frac{M(x)}{EI} \tag{6-17}$$

式中，w 为梁的挠度，是关于截面位置 x 的函数；$M(x)$ 为梁上 x 截面处的弯矩；E 和 I 分别为梁的弹性模量和截面惯性矩。

需要指出的是，尽管剪力对梁的位移是有影响的，但是对于细长梁，这种影响很小，因而常常忽略不计。

对等截面梁，应用确定弯矩方程的方法写出弯矩方程 $M(x)$，代入式（6-17）后，分别对 x 做不定积分（indefinite integral）便可进一步得到梁的挠度方程和转角方程。

当梁上作用有几种不同的荷载时，可以采用叠加原理（super position method）将其分解为各种荷载单独作用时的情况，分别求出单一荷载作用下梁的挠度和转角，再将所得结果进行叠加便可得到几种荷载同时作用时的结果。

第五节　梁的刚度校核（Checking of Beam Stiffness）

设计梁除需满足强度条件外，往往还需要满足刚度条件。若梁的位移过大，则可能影响其正常工作。在土木工程中常以允许的挠度与梁跨长的比值 $\left[\dfrac{w}{l}\right]$ 作为校核的标准，梁的刚度条件可以写为：

$$\frac{w_{\max}}{l} \leqslant \left[\frac{w}{l}\right] \tag{6-18}$$

根据《铁路桥涵设计规范》（TB 10002—2017）中表 5.2.2 和《高速铁路设计规范》（TB 10621—2014）中表 7.3.2 的规定，3 跨及以上的双线简支梁竖向挠度容许值见表 6-1 所示，其中 L 为简支梁的计算跨度（单位：m）。

表 6-1　铁路梁体竖向挠度容许值

铁路设计标准	设计速度	跨度范围		
		$L \leqslant 40\mathrm{m}$	$40\mathrm{m} < L \leqslant 80\mathrm{m}$	$L > 80\mathrm{m}$
高速铁路 (high-speed railway)	350km/h	$L/1600$	$L/1900$	$L/1500$
	300km/h	$L/1500$	$L/1600$	$L/1100$
	250km/h	$L/1400$	$L/1400$	$L/1000$

续表

铁路设计标准	设计速度	跨度范围		
		$L\leqslant40m$	$40m<L\leqslant80m$	$L>80m$
城际铁路 (inter-city railway)	200km/h	$L/1750$	$L/1600$	$L/1200$
	160km/h	$L/1600$	$L/1350$	$L/1100$
	120km/h	$L/1350$	$L/1100$	$L/1100$
客货共线铁路 (passenger and freight railway lines)	200km/h	$L/1200$	$L/1000$	$L/900$
	160km/h	$L/1000$	$L/900$	$L/800$
重载铁路 (heavy haul railway)	120km/h 及以下	$L/900$	$L/800$	$L/700$

　　梁应同时满足强度条件和刚度条件，在一般土木工程中的构件，强度要求是主要的，刚度要求一般处于从属地位。在设计梁时，一般先由强度条件选择截面或确定许用荷载（allowable load），再按刚度条件校核。若不满足，则需按刚度条件重新设计。

Word 专业词汇汉英对照（Glossary）

专业词汇	拼音	英文
拉应力	lāyìnglì	tensile stress
极限拉应力	jíxiàn lāyìnglì	ultimate tensile stress
强度	qiángdù	strength
破坏	pòhuài	failure
刚度	gāngdù	stiffness
纯弯曲	chúnwānqū	pure bending
弯曲变形	wānqū biànxíng	bending deformation
剪切变形	jiǎnqiē biànxíng	shear deformation
横力弯曲	hénglì wānqū	nonuniform bending
正应力	zhèngyìnglì	normal stress
中性层	zhōngxìngcéng	neutral sphere

续表

专业词汇	拼音	英文
中性轴	zhōngxìngzhóu	neutral axis
曲率中心	qūlǜ zhōngxīn	center of curvature
线应变	xiànyìngbiàn	linear strain
比例极限	bǐlì jíxiàn	proportionality limit
抗弯刚度	kàngwān gāngdù	bending stiffness
惯性矩	guànxìngjǔ	moment of inertia
静矩	jìngjǔ	static moment of an area
挠度	náodù	deflection
转角	zhuǎnjiǎo	rotation angle
挠曲线	náoqūxiàn	deflection curve

思 考 题 (Questions)

1. 弯曲正应力在横截面上是如何分布的？

2. 请写出提高梁强度的措施。

3. 运用梁的正应力强度条件，可解决梁的几类强度计算问题，如何计算？

4. 梁受弯时的挠曲线和梁截面所受到的弯矩存在什么微分关系？

5. 将下面的英文翻译成中文。

(1) The primary assumption made in determining the normal stress distribution produced by pure bending is that plane cross sections of the beam remain plane and normal to the longitudinal fibers of the beam after bending. Again, we shall also assume that the material of the beam is linearly elastic, i. e. , it obeys Hooke's law, and that the material of the beam is homogeneous.

(2) The normal stress varies through the depth of the beam from compression in the upper fibers to tension in the lower. Clearly the normal stress is zero for the fibers that do not change in length; we have called the plane containing these fibers the neutral plane. The line of intersection of the neutral plane and any cross section of the beam is termed the neutral axis.

拓展阅读（Extensive Reading）

Chirajara 大桥倒塌事故

2018 年 1 月 15 日，波哥大-比亚维森西奥高速 Chirajara 大桥的一座主塔突然倒塌，当时工人正如往常一样对大桥进行施工，（图 6-11），事故导致 10 人死亡、4 人受伤。

(a) 坍塌前   (b) 坍塌后

图 6-11　桥梁主塔坍塌

该桥是一座斜拉桥，预计总长度为 446m（1464 英尺），横跨近 152m（500 英尺）深的 Chirajara 峡谷。它由两座钢筋混凝土桥塔支撑，每座桥塔有 52 根斜拉索。每座塔的高度为 92m（301 英尺，在挖孔基础之上），一座桥塔的中心到另一座桥塔的中心之间的距离为 286.30m（938 英尺）。斜拉索由 ASTM A416/A416M 270 级〔抗拉强度为 1860MPa（270000psi）〕钢绞线束组成。如图 6-12 所示，中跨斜拉索的典型间距为 9m（30 英尺），边跨约为 80m（262 英尺）。在较短边跨的端部，设置有巨大的桥台以提供反力抵御施加在较长中跨上的部分负荷。

事故发生后，在相关部门展开营救的同时，甲方单位也立刻对事故原因进行调查。首先甲方对工程材料的质量进行了检查，通过现场取样后到实验室去检测，发现材料强度没有问题，符合当地规范的要求。同时，甲方邀请了美国著名公司 Modjeski & Masters（M&M）对桥梁进行了设计复核，重新建模进行计算分析（图 6-13），根据 M&M 的报告表明，主要事故原因为设计计算错误，详细原因如下。

（1）倒塌的主要原因是塔板作为系梁其后张法预应力筋远远不够。相反，在垂直方向（即横桥向），预计没有大的应力，该塔板提供了 9 倍的预应力

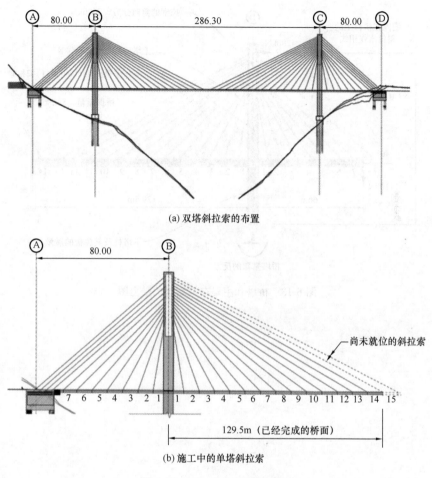

(a) 双塔斜拉索的布置

(b) 施工中的单塔斜拉索

图 6-12　Chirajara 桥梁布置图

筋。如果所提供的预应力筋旋转 $90°$，坍塌就不会发生。

（2）塔板上的预应力筋提供的横向约束不足。塔板是桥塔中非常关键的部件，塔板上预应力筋提供的横向约束不足会迫使下塔柱之间的钢筋混凝土腹板在拉力下工作。

在腹板对这种拉力的反应中，有两个因素起到了关键作用。一个是腹板有最小的抗拉钢筋（水平腹板配筋率为 0.26%），它的强度与混凝土在直接拉伸中的预期开裂应力相当。当开裂应力和配筋强度相似时，变形集中在单个或少数裂缝处，并倾向于导致脆性破坏。第二个是在塔板和下塔柱的连接处形成的冷缝不连续，迫使应变进一步集中，增加了系统的脆性。需要在拉力下工作的关键构件应该用超过规范最小值的配筋量进行加固，以避免脆性破坏。腹板的脆性阻止了更好的力的重新分配，而这本可以延缓坍塌。

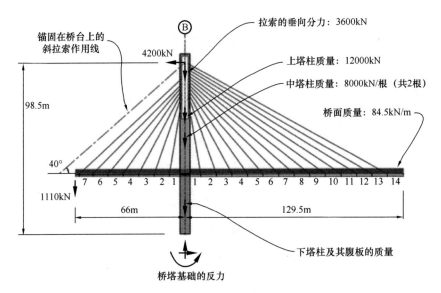

图 6-13　桥塔和主梁在倒塌时的受力图

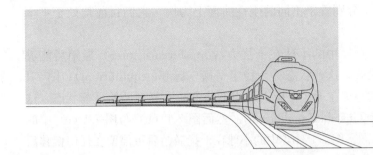

第 七 章

压杆的稳定计算
Stability Calculation of Compression Bar

在 20 世纪初曾经发生过这样一件工程事故：1907 年在北美的魁北克圣劳伦斯河上，一座 548.6m 长的钢桥在施工中突然倒塌，造成了非常严重的后果，专家分析是由于桁架（truss）中的一根压杆失稳（instability）所致，而这根压杆的强度（strength）是足够的。通过这一案例我们能够分析出，一根细长的中心受压杆，在压力远小于材料抗压强度（compression strength）所确定的荷载时，杆件就有可能发生弯曲，即大家所说的"丧失稳定"，从而不能够正常工作，因此像这类杆件除了满足强度条件外，还应考虑它的稳定性（stability）。

第一节　压杆稳定性的概念
(Concepts of Compression Bar Stability)

所谓结构的稳定性（structural stability），指的是结构所处的平衡状态的稳定性（stability of equilibrium state）。欲判断平衡状态的稳定性，通常的做法为：假设体系受到一个微小干扰使其偏离目前的平衡状态，然后将干扰撤销，观察干扰撤销后体系是否还能恢复到原来的平衡状态。以图 7-1 所示的三个相同的刚性

(a) 稳定平衡

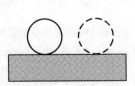
(b) 随遇平衡

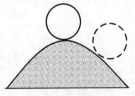
(c) 不稳定平衡

图 7-1　结构稳定性的概念（concept of structural stability）

圆球（rigid circle ball）分别置于不同的刚性曲面上为例，它们目前均处于平衡状态。

可以看出，图 7-1（a）中的小球在干扰力（interference force）撤销后能够自动恢复到原始平衡状态，这种状态称为稳定平衡（stable equilibrium）；图 7-1（b）和图 7-1（c）中的小球在干扰力撤销后均不能自动恢复到原始平衡状态，这种状态称为不稳定平衡（instable equilibrium）。然而图 7-1（b）与图 7-1（c）中的小球平衡状态又有所不同，图 7-1（b）中的小球在干扰撤销后可停留在任何偏移后的位置上，即能够在新的状态下保持平衡，而图 7-1（c）中的小球则完全不能保持新的平衡，因此图 7-1（b）中的这种状态又称为随遇平衡（neutral equilibrium）。所谓随遇平衡，其实已经"无家可归"了。一遇风吹草动，就失去平衡了，它是稳定平衡向不稳定平衡过渡的一种中间状态，又称为临界状态（critical state）。

对于弹性压杆也存在着稳定平衡与不稳定平衡的问题。例如，细长的理想中心受压杆件，在两端铰支支撑且受压力 F 的作用下，在微小的横向干扰力作用下，杆件发生弯曲。在图 7-2（a）中，当压力 F 较小时，撤去干扰力后，杆件来回摆动且最后回到了原有的直线形状的平衡，这说明在较小压力 F 的作用下，杆件原有的直线形状的平衡是稳定的。如果一直增大压力 F，直到一个定值 F_{cr}，压杆只要受到微小的横向干扰力，即使立即去除干扰力，杆件也不能恢复到原来的直线平衡状态 [图 7-2（b）]，而是变为曲线平衡的状态，即原来的直线状态下的平衡是不稳定的平衡。中心受压杆件在直线形态下的平衡，由稳定平衡转化为不稳定平衡时的轴向压力界限值 F_{cr} 称为临界压力（critical compressive force），或简称为临界力（critical force）。杆件上作用的外力超过临界力，杆件将发生失稳现象（buckling phenomenon）。

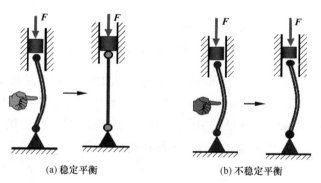

(a) 稳定平衡   (b) 不稳定平衡

图 7-2　压杆的稳定与不稳定平衡

(the stable and instable balance of the compression bar)

结构从稳定平衡状态转变为不稳定平衡状态，称为结构的失稳（instability failure of structure）。任何结构体系在荷载作用下都应处在稳定平衡状态，否则偶然的扰动都可能使结构产生过大的变形而失稳，这是不能容许的。因此，结构稳定分析的目的其实就是要保证结构在正常使用情况下处于稳定平衡状态。工程结构设计分析时，往往需要找出外荷载与结构内部抵抗力间的不稳定平衡状态，即变形开始急剧增长的状态，从而设法避免进入该状态。

第二节　轴心受压细长杆的临界力
(Critical Force of Slender Axial Compression Bar)

根据上节所述，两端铰接的中心受压直杆在临界力 F_{cr} 的作用下将在微弯形态 (minor bending form) 下维持平衡，如图 7-3 所示。为了求出 F_{cr} 临界力的计算公式，需建立图 7-3 所示的直角坐标系，求出 F_{cr} 临界力作用下挠曲线 (deflection curve) 的近似微分方程，并利用其边界条件，求出方程的解。

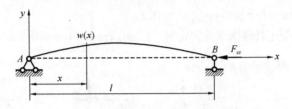

图 7-3　微弯形态下的平衡状态

(balance state in minor bending form)

在 F_{cr} 作用下，利用平衡关系，可以求出压杆任意 x 截面的弯矩为

$$M(x) = -F_{cr}w \tag{7-1}$$

式中，w 为 x 截面的挠度 (deflection)。利用梁的挠曲线近似微分方程，结合式 (7-1)，可以得到：

$$\frac{\mathrm{d}^2 w}{\mathrm{d}x^2} = \frac{M(x)}{EI} = -\frac{F_{cr}w}{EI} \tag{7-2}$$

并利用边界条件：当 $x = 0$ 时，$w = 0$；当 $x = l$ 时，$w = 0$，求解出 F_{cr} 临界力的计算公式为：

$$F_{cr} = \frac{n^2\pi^2 EI}{l^2} \quad (n = 0,1,2,3\cdots) \tag{7-3}$$

由于临界压力 F_{cr} 应为大于零的所受的最小的轴向压力，因此取 $n = 1$，由此得到两端铰支的细长压杆的临界荷载 (critical load) 为：

$$F_{cr} = \frac{\pi^2 EI}{l^2} \tag{7-4}$$

由于式 (7-4) 最早由欧拉 (Euler) 导出，所以通常称为欧拉公式 (Euler formula)。从临界力公式中可以看出，临界力与抗弯刚度 (bending stiffness) EI 成正比，与 l^2 成反比，同时临界力的推导中利用了杆件两端的边界条件，因此临界力还与两端的支座条件有关。

对于其他的支承条件，细长中心受压等直杆临界力的欧拉公式可统一写成

$$F_{cr} = \frac{\pi^2 EI}{(\mu l)^2}$$ (7-5)

式中，因数 μ 称为压杆的长度因数（factor of length），与杆件的约束情况有关；μl 称为原压杆的相当长度。

图 7-4 给出了杆端具有不同约束情况的轴心受压杆，可根据以上推导获得临界力。经计算可得：

（1）当轴心受压杆两端的支承条件均为铰支时（pinned comperssion bar），$\mu = 1$；

（2）当轴心受压杆件一端固定，一端自由时（a comperssion bar with one end fixed and one end free），$\mu = 2$；

（3）当轴心受压杆件一端固定，一端铰支时（a comperssion bar with one end fixed and the other pinned），$\mu = 0.7$；

（4）当轴心受压杆件两端均固定时（a comperssion bar with fixed ends），$\mu = 0.5$。

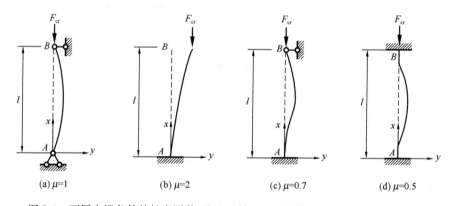

图 7-4 不同支撑条件的长度因数（length factor of different support conditions）

第三节 欧拉公式的应用范围
(Application Scope of Euler Formula)

临界力除了式（7-5）的表达形式外，还有另外一种表达形式，即把惯性矩（moment of inertia）I 用 $i^2 A$ 表示，那么临界力的计算公式可以写成

$$F_{cr} = \frac{\pi^2 E i^2 A}{\left(\frac{\mu l}{i}\right)^2} = \frac{\pi^2 EA}{\lambda^2}$$ (7-6)

式中，$\frac{\mu l}{i}$ 是一个无量纲的量，称为压杆的柔度（slenderness），或称为长细比（slenderness）。利用这种表达形式，将临界荷载（critical load）F_{cr} 除以压杆的横

截面面积 A, 便可求得压杆的临界应力（critical stress）σ_{cr}, 即

$$\sigma_{cr} = \frac{F_{cr}}{A} = \frac{\pi^2 E}{\lambda^2} \qquad (7\text{-}7)$$

式（7-7）称为临界应力的欧拉公式，可看出 λ 值越大，压杆就越容易失稳。

由于欧拉公式的求解用到了弯曲变形的微分方程，而这个微分方程只有在材料服从胡克定律（Hooke's law）时才成立。因此欧拉公式的适用范围应该是临界应力不超过材料的比例极限（proportional limit）σ_p, 即

$$\sigma_{cr} = \frac{\pi^2 E}{\lambda^2} \leqslant \sigma_p \qquad (7\text{-}8)$$

或

$$\lambda \geqslant \sqrt{\frac{\pi^2 E}{\sigma_p}} = \pi \sqrt{\frac{E}{\sigma_p}} = \lambda_p \qquad (7\text{-}9)$$

式中，λ_p 为能应用欧拉公式的压杆柔度界限值，通常称 $\lambda \geqslant \lambda_p$ 的压杆为大柔度压杆（long compression bar），或细长压杆（slender compression bar）。而当压杆的柔度 $\lambda < \lambda_p$ 时，就不能应用欧拉公式，通常称其为小柔度压杆（short compression bar）。

第四节　压杆的稳定计算
(Stability Calculation of Compression Bar)

为了使压杆能够正常工作而不发生失稳现象，压杆所受的轴向压力 F 必须小于临界力 F_{cr}；或压杆的压应力 σ 必须小于临界应力 σ_{cr}。对于工程实际中的压杆，由于是非理想状态，存在着种种不利因素，因此在计算时还需要具有一定的安全储备，即具有足够的稳定安全系数（safety factor of stability）n_{st}。因此压杆的稳定条件为

$$F \leqslant \frac{F_{cr}}{n_{st}} = [F_{st}] \qquad (7\text{-}10)$$

或

$$\sigma \leqslant \frac{\sigma_{cr}}{n_{st}} = [\sigma_{st}] \qquad (7\text{-}11)$$

式中，$[F_{st}]$ 和 $[\sigma_{st}]$ 分别称为稳定容许荷载（stable allowable load）和稳定容许应力（stable allowable stress），它们分别等于临界荷载和临界应力除以稳定安全系数。

压杆稳定计算通常有两种计算方法：

（1）安全系数法

当压杆受到力 F 时，它所具有的安全系数为 $n = F_{cr}/F$, 结合式（7-10）可知安全系数应满足：

$$n = \frac{F_{cr}}{F} \geqslant n_{st} \tag{7-12}$$

只有当压杆实有的安全系数不小于给出的稳定安全系数时，压杆才能正常工作。

（2）折减系数法

将式（7-11）中的稳定容许应力写作材料的强度容许应力（strength allowable stress）$[\sigma]$ 乘以一个随压杆柔度 λ 而改变的稳定系数 φ，即

$$\sigma = \frac{F}{A} \leqslant \varphi[\sigma] \tag{7-13}$$

利用稳定条件式（7-13），可以进行三类问题的计算：

（1）稳定校核（checking of stability）：$\sigma = \dfrac{F_N}{A} \leqslant \varphi[\sigma]$；

（2）设计截面尺寸（designing of section size）：$A \geqslant \dfrac{F_N}{\varphi[\sigma]}$；

（3）确定许可荷载（determining of allowable load）：$F \leqslant A\varphi[\sigma]$。

式（7-13）中的稳定系数 φ 大于 0 小于 1，且随柔度变化。我国《钢结构设计标准》（GB 50017—2017）根据国内常用构件的截面形式、尺寸、不同加工条件等因素，将承载能力相近的截面归并为 a、b、c、d 四类。表 7-1 给出了 a、b 类截面在不同柔度 λ 下的 φ 值，同时表 7-1 根据《木结构设计标准》（GB 50005—2017），给出了木材在不同柔度系数 λ 下的 φ 值。

表 7-1　钢结构和木结构常用构件对应的稳定系数值

$\lambda = \dfrac{\mu l}{i}$	稳定系数 φ					
	Q235 钢（steel）		16Mn 钢（steel）		铸铁	木材（timber）
	a 类截面	b 类截面	a 类截面	b 类截面	(cast iron)	TC$_{15}$、TC$_{17}$
0	1.000	1.000	1.000	1.000	1.000	1.000
10	0.995	0.992	0.993	0.989	0.97	0.985
20	0.981	0.970	0.973	0.956	0.91	0.941
30	0.963	0.936	0.950	0.913	0.81	0.877
40	0.941	0.899	0.920	0.863	0.69	0.800
50	0.916	0.856	0.881	0.804	0.57	0.719
60	0.883	0.807	0.825	0.734	0.44	0.640
70	0.839	0.751	0.751	0.656	0.34	0.566
80	0.783	0.688	0.661	0.575	0.26	0.469
90	0.714	0.621	0.570	0.499	0.20	0.370
100	0.638	0.555	0.487	0.431	0.16	0.300
110	0.563	0.493	0.416	0.373	—	0.246

续表

$\lambda = \dfrac{\mu l}{i}$	稳定系数 φ					
	Q235 钢（steel）		16Mn 钢（steel）		铸铁	木材（timber）
	a 类截面	b 类截面	a 类截面	b 类截面	(cast iron)	TC$_{15}$、TC$_{17}$
120	0.494	0.437	0.358	0.324	—	0.208
130	0.434	0.387	0.310	0.283	—	0.178
140	0.383	0.345	0.271	0.249	—	0.153
150	0.339	0.303	0.239	0.221	—	0.133
160	0.302	0.276	0.212	0.197		0.177

第五节 提高压杆稳定性的措施
(Measures to Improve the Stability of Compression Bar)

根据欧拉公式可以分析出，压杆稳定性与压杆的柔度和材料的机械性质有关，而柔度又与压杆的截面形状、杆件长度和杆端约束等因素有关，因此想要提高压杆稳定性可以从下面三个方面考虑。

（1）选择合理的截面形式

由欧拉公式可知，在其他条件相同的情况下，截面的惯性矩 I 越大，则临界力 F_{cr} 也越大。因此，应当尽量使材料远离截面的中性轴。例如，空心的截面就比实心截面合理，如图 7-5 所示。同理，四根角钢（angle steel）分散放置在截面的四个角处比集中放置在形心附近合理，如图 7-6 所示。

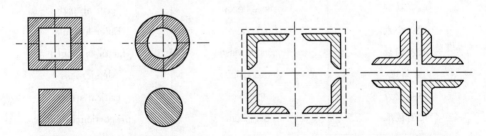

图 7-5 空心截面与实心截面　　　　　　图 7-6 角钢的不同放置位置
(hollow section and solid section)　　　(different placement positions of angle steels)

（2）减小压杆长度和增加杆端约束

减小压杆长度可以降低压杆的柔度从而提高压杆的稳定性，另外，在压杆中间增加支撑也可以提高压杆的稳定性；压杆端部固结越牢固，长度系数 μ 值越小，则压杆的柔度越小，从而说明压杆的稳定性越好，因此在合理的情况下应尽可能加强杆端约束。

（3）合理选择材料

对于中小柔度杆，其临界应力与材料强度有关，强度越高的材料，临界应力也相应越高。所以，对中小柔度杆而言，选用优质钢材将有助于提高压杆的稳定性；但对于大柔度杆，临界应力与材料的弹性模量（modulus of elasticity）E 有关，而各种钢材的弹性模量 E 相差不大，因此对于大柔度杆件，选用优质钢材不会提高杆件的稳定性。

Word 专业词汇汉英对照（Glossary）

专业词汇	拼音	英文
桁架	héngjià	truss
失稳	shīwěn	instability
抗压强度	kàngyā qiángdù	compression strength
不稳定平衡	bùwěndìng pínghéng	instable equilibrium
稳定平衡	wěndìng pínghéng	stable equilibrium
干扰力	gànrǎolì	interference force
临界压力	línjiè yālì	critical compressive force
临界力	línjièlì	critical force
微弯形态	wēiwān xíngtài	minor bending form
临界荷载	línjiè hèzài	critical load
欧拉公式	Ōulā gōngshì	Euler formula
长度因数	chángdù yīnshù	factor of length
长细比	chángxìbǐ	slenderness
临界应力	línjiè yìnglì	critical stress
比例极限	bǐlì jíxiàn	proportional limit
大柔度压杆	dàróudù yāgǎn	long compression bar
细长压杆	xìcháng yāgǎn	slender compression bar
小柔度压杆	xiǎoróudù yāgǎn	short compression bar
稳定安全系数	wěndìng ānquán xìshù	safety factor of stability
稳定容许荷载	wěndìng róngxǔ hèzài	stable allowable load
稳定容许应力	wěndìng róngxǔ yìnglì	stable allowable stress
强度容许应力	qiángdù róngxǔ yìnglì	strength allowable stress
角钢	jiǎogāng	angle steel

思 考 题（Questions）

1. 写出压杆临界荷载的计算公式，并给出公式中各符号的物理含义。

2. 柔度的物理意义是什么？它与哪些量有关系？

3. 提高压杆的稳定性可以采取哪些措施？采用优质钢材对提高压杆稳定性的效果如何？

4. 有一圆截面细长压杆，其他条件不变，若直径增大一倍时，其临界力有何变化？若长度增加一倍时，其临界力有何变化？

5. 将下面的英文翻译成中文。

（1）If an increasing axial compressive load is applied to a long slender column, there is a value of load at which the column will suddenly bow or buckle in some unpre-determined direction. This load is patently the buckling load of the column or something very close to the buckling load. The fact that the column buckles in a particular direction implies a degree of asymmetry in the plane of the buckle caused by geometrical and/or material imperfections of the column and its load. However, in our analysis we stipulate a perfectly straight, homogeneous column in which the load is applied precisely along the perfectly straight centroidal axis. Theoretically, therefore, there can be no sudden bowing or buckling, only axial compression. Thus, we require a precise definition of buckling load which may be used in the analysis of the perfect column.

（2）In cable-stayed bridges, the tension in the stays is maintained by attaching the outer ones to anchor blocks embedded in the ground. The stays can be a single system from towers positioned along the center of the bridge deck or a double system where the cables are supported by twin sets of towers on both sides of the bridge deck.

拓展阅读（Extensive Reading）

绿色环保建筑材料——竹子

竹子是生活中一种常见的绿色植物，在城市里种植起到了美化环境、净化空气的作用，其中竹枝杆修长，四季青翠，傲雪凌霜，在大风环境中仍然挺拔，备受中国人的喜爱，其实竹子也是非常能体现力学美感的一种植物。

大家都知道，竹子的横截面是空心的，如图 7-7 所示。根据截面惯性矩

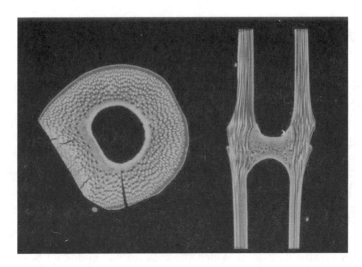

图 7-7　竹子剖面图

的概念可知，由于竹子材料远离截面的中性轴，在不改变横截面面积的前提下，空心圆截面的惯性矩远大于实心圆截面的惯性矩，因此空心的竹子截面惯性矩大，临界压力大。

　　另外竹子每隔一段就生出一个硬节来，如图 7-8 所示，这相当于增加了多个中间约束，硬节的出现更大大增强了竹子的稳定性。

图 7-8　竹节强化了竹子的稳定性

　　竹材有一般木质材料所不能比的优点：收缩量小，高强度的割裂、弹力和韧性，较高的顺纹抗拉力和抗压力。竹材的抗拉强度为木材的 2～25 倍，抗压强度为木材的 2 倍。可以看出，竹子的抗压性能和抗拉性能都很高。另外，由于其质量很轻、弹性超好，竹子的防震抗压功能也非常优秀。据报道，在日本的7.6级地震中，位于震中的45座竹房屋都保存完好，而周边许多混凝土房屋建筑和旅馆设施全部倒塌而且难以修复更换。

随着各种先进的竹材加工技术的开发与发展，竹材在建筑领域的应用也从简单单一的竹材利用方式向复杂化、复合化、高性能、高附加值的方向进展（图7-9）。

图7-9 竹子建筑示例

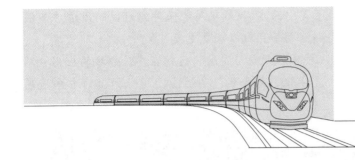

第 八 章

平面体系的几何组成分析

Geometric Construction Analysis of Planar

Framed System

　　对体系几何组成性质和规律进行的分析称为几何组成分析（geometric construction analysis）。这种分析的目的在于，判别某一体系是否能够作为结构使用，以保证所设计的结构能承受荷载而维持平衡。

第一节　几个重要概念 (Several Important Concepts)

一、几何不变体系和几何可变体系 〔Geometrically Stable System and Geometri Cally Unstable System〕

　　实际工程中的杆件结构一般是由若干根杆件（members）通过结点（joints）间的联结以及与支座（supports）的联结组成的杆件体系，如图 8-1 所示。但是，杆系体系并不是无论怎样组成都能作为工程结构使用的。

图 8-1　杆件体系（member system）

体系受到任意荷载作用后，在不考虑材料应变或变形的条件下，若能保持其几何形状和位置的不变，称为几何不变体系（geometrically stable system），如图 8-2（a）所示。然而，对于图 8-2（b）所示的体系，尽管只受到很小的荷载作用，也会引起该体系几何形状的改变，这类体系称为几何可变体系（geometrically unstable system）。显然，几何可变体系不能作为工程结构来使用。

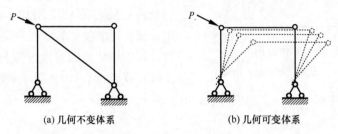

(a) 几何不变体系　　　　　　　　　(b) 几何可变体系

图 8-2　几何不变体系和几何可变体系（geometrically
stable system and geometrically unstable system）

二、刚片、自由度和约束（Rigid Body, Degree of Freedom and Restraint）

（1）刚片（rigid body）

在平面体系中，不考虑杆件材料弹性变形的一根链杆或体系中已经判明是几何不变的某部分，都可以看成刚片。支撑结构的地基或基础（foundation）也可以看成刚片。

（2）自由度（degree of freedom）

所谓体系的自由度（degree of freedom，DOFs），是指体系运动时，可以独立变化的几何参数的数目，即确定体系位置所需的独立的坐标数（numbers of independent coordinates）。例如，平面内一个点的位置可以通过该点的两个坐标（x, y）来确定，因此其自由度数目为 2（图 8-3）；要确定平面内一个刚片的位置，则需要首先通过两个坐标（x, y）在刚片上定出任意一个点 A，然后再通过一个转角 φ 定出刚片内的任意一条直线 AB 即可确定整个刚片的位置，因此平面内一个刚片的自由度数目为 3（图 8-4）。

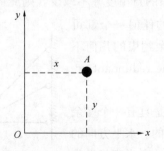

图 8-3　平面内 1 个点的自由度
(DOFs for a point in the plane)

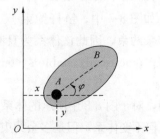

图 8-4　平面内 1 个刚片的自由度
(DOFs for a rigid body in the plane)

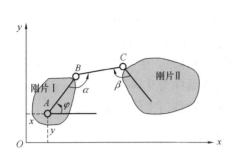

图 8-5　单链杆约束

(the restraint of a single link)

(3) 约束（restraint）

限制体系运动的装置或减少体系自由度的装置，称为约束。

如图 8-5 所示，刚片Ⅰ和刚片Ⅱ之间用链杆 BC 相连接，这时可用 x、y 和 φ 三个独立的参数确定刚片Ⅰ的位置，再用 α 和 β 两个独立的参数确定刚片Ⅱ的位置，所以该体系的自由度数目为 5；若无此链杆联结时，两刚片自由度数目为 6。

可见一根链杆相当于一个约束（one link is equivalent to a restraint），可使体系减少一个自由度。

如图 8-6（a）所示，两刚片之间用单铰 A 相联结组成的体系共有 4 个自由度，而原来的两个独立的刚片有 6 个自由度，因此一个单铰相当于两个约束（one simple hinge is equivalent to two restraints）。如果两个刚片通过一个单刚结点相联 [图 8-6（b）]，则自由度减少了 3 个，因此，一个单刚结点相当于三个约束（one simple rigid joint is equivalent to three restraints）。

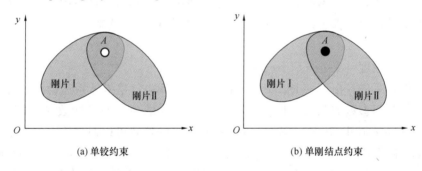

(a) 单铰约束　　　　　　　　　　(b) 单刚结点约束

图 8-6　单铰约束和单刚结点约束（restraints of a simple hinge and a rigid joint）

三、多余约束和必要约束（Redundant Restraint and Necessary Restraint）

如果在一个体系中增加一个约束，而体系的自由度并不减少，则此约束为多余约束。如图 8-7 中，链杆约束 1、2、3 中的任何一个都可以看成多余约束，因此该体系为具有一个多余约束的几何不变体系（geometrically stable system with one redundant restraint）。

然而，对于图 8-8 中所示的体系，尽管也是具有一个多余约束的几何不变体系，但是多余约束不是任意的。水平方向的约束 1 不可能是多余约束，因为去掉它，体系的自由度将发生变化，体系会变为几何可变体系（geometrically unstable sys-

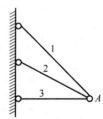

图 8-7　多余约束
(redundant restraint)

tem），因此，它是必要的，此类约束称为必要约束（necessary restraint）。

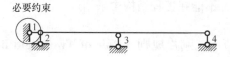

图 8-8　必要约束（necessary restraint）

第二节　三刚片规则（Rule of Three Rigid Bodies）

体系的几何组成与体系的自由度（DOFs）有关。若体系自由度大于零，表示约束数不够（no enough restraint），体系是几何可变的；若体系自由度小于或等于零，表示体系有或没有多余约束，但不能说明体系的几何不变性。若要说明体系的几何不变性，还要看刚片和约束之间的位置是如何安排的，因此需要研究刚片和约束如何组成才能使体系成为几何不变体系。

图 8-9 所示的铰结点三角形（a hinged trian-gle），每一根杆件均可看成一个刚片（rigid body），每两个刚片之间都用一个单铰相联。从三角形的稳定性可知该体系为几何不变体系。从自由度（degrees of freedom）的角度来分析的话，三个独立的刚片共 9 个自由度，若组成一个刚片则只有 3 个自由度，因此在三刚片之间至少应增加 6 个链杆（link）或 3 个单铰（simple hinge），

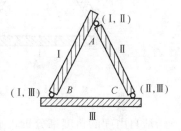

图 8-9　三刚片规则
(rule of three rigid bodies)

才能将三个刚片组成为几何不变体系。因此，铰结点三角形是组成几何不变体系的基本单元。

三刚片规则：三个刚片用不在同一直线上的三个单铰两两相联，组成的体系为几何不变体系。（rule of three rigid bodies：three rigid bodies joined pairwise by hinges, provided that the three hinges do not lie on the same straight line, form an internally stable system with no redundant restraint.）如果三个单铰位于同一直线上，如图 8-10 所示，链杆 AC 和链杆 BC 不能限制 C 点的位移，即 C 点可

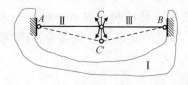

图 8-10　三个单铰位于同一直线
(three hinges lie on a same straight line)

沿公切线方向产生微小的转动（infinitesimal displacement），移动到 C' 点的位置。当微小转动产生后，三个铰就不在同一直线上了，运动也就不再继续。这种某一瞬时可以产生微小转动，然后就不能继续转动的体系，称为瞬变体系（instantaneously unstable system）。瞬变体系虽然只发生微小的相对运动，但是当它受力时将会产

生很大的内力而导致破坏，或者产生过大的变形而影响使用，因此瞬变体系属于几何可变体系的一类，不能在工程结构中采用。

第三节 二刚片规则 (Rule of Two Rigid Bodies)

如果将铰结点三角形的两条边看成两个刚片，第三条边看成链杆，如图 8-11 （a）所示，则可以得到二刚片规则：两个刚片用一个铰和一根不通过此铰的链杆相联，组成的体系是无多余约束的几何不变体系 (two rigid bodies, connected by one hinge and one link that do not cross the hinge, form an internally stable system with no redundant restraint)。

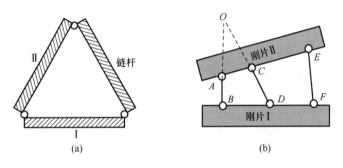

图 8-11　二刚片规则 (rule of two rigid bodies)

从自由度的角度来分析，平面中两个独立的刚片共有 6 个自由度，若将它们组成一个刚片（三个自由度），则需要 3 个约束，而一个单铰和一个不通过该单铰的链杆正好能提供 3 个约束，共同组成一个几何不变体系。然而，三个单链杆 (three simple links) 也能提供 3 个约束，如图 8-11 （b）所示。因此二刚片规则还可以描述如下：两个刚片用三根不全平行也不全交于一点的链杆相联，组成的体系是无多余约束的几何不变体系 (two rigid bodies connected by three links, which are nonparallel and nonconcurrent, will form an internally stable system with no redundant restraint)。

二刚片规则的这两种描述是一致的，从 8-11 （b）可以看出，若刚片 I 不动，刚片 II 将绕 AB、CD 两杆延长线的交点 O 转动；反之，若刚片 II 不动，则刚片 I 也将绕 O 点转动。O 点称为刚片 I 和刚片 II 的相对转动瞬心 (instantaneous center of relative rotation)。该铰的位置在两链杆轴线的交点上，且其位置随两刚片的转动而改变，又称为虚铰 (virtual hinge)。

第四节 二元体规则 (Rule of Binary System)

如果将铰结点三角形的两条边看成两根链杆，另一条边看成一个刚片或其他体系，则会出现图 8-12 所示的装置，即两根不共线的链杆联结一个结点的装置，称为二元体（binary system）。从自由度上来分析，一个结点的自由度为 2，用两根不共线的链杆相联结，其约束数也为 2，因此一个二元体的自由度为 0。增加一个二元体或减少一个二元体都不会影响体系的自由度，这就推出了如下的二元体规则（rule of binary system）：在一个体系上增加或拆除二元体，不会改变原体系的几何组成性质（if a binary system is attached to or removed from a system to form a new system, the new system still keep its original geometric construction）。

比如，对图 8-13 所示的体系进行几何组成分析时，可以用拆除二元体的方法，分别拆除二元体 1-2，3-4，5-6，……，17-18，最后只剩基础，因此该体系为无多余约束的几何不变体系。

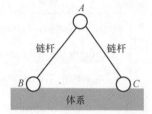

图 8-12　二元体的概念

（concept of binary system）

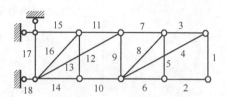

图 8-13　二元体规则的应用

（application of the rule of binary system）

第五节　几何组成与结构静定性的关系

（Relationship Between Geometric Construction and
Static Determinacy of Structures）

如图 8-14（a）所示，该体系为无多余约束的几何不变体系（geometrically stable system with no redundant restraint），由于其约束数与自由度数相等，因此未知约束力的数目与能建立的独立平衡方程数目相等。对于多余约束的几何不变体系，其全部支座反力和内力都可以由 $\Sigma F_x = 0, \Sigma F_y = 0, \Sigma M = 0$ 这三个平衡条件（equilibrium conditions）求得唯一（unique）和确定的（determinate）解，这种结构称为静定结构（statically determinate structures）。

然而，对于有多余约束的几何不变体系（geometrically stable system with redundant restraint），如图 8-14（b）所示，由于约束数比自由度多，因此未知约束力的数目比所能建立的独立平衡方程数目多。如果方程有解，则其解有无穷多组，全部支座反力和内力不能由平衡条件求得唯一和确定的解，此类结构称为超静定结构（statically indeterminate structures）。

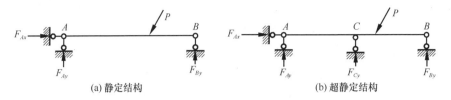

图 8-14　结构的静定性（static determinacy of structures）

专业词汇汉英对照（Glossary）

专业词汇	拼音	英文
几何组成分析	jǐhé zǔchéng fēnxī	geometric construction analysis
几何不变体系	jǐhé bùbiàn tǐxì	geometrically stable system
几何可变体系	jǐhé kěbiàn tǐxì	geometrically unstable system
自由度	zìyóudù	degree of freedom
刚片	gāngpiàn	rigid body
约束	yuēshù	restraint
多余约束	duōyú yuēshù	redundant restraint
必要约束	bìyào yuēshù	necessary restraint
单链杆	dānliàngǎn	a single link
单铰	dānjiǎo	simple hinge
铰结点三角形	jiǎojiédiǎn sānjiǎoxíng	a hinged triangle
三刚片规则	sān'gāngpiàn guīzé	rule of three rigid bodies
二刚片规则	èrgāngpiàn guīzé	rule of two rigid bodies
二元体规则	èryuántǐ guīzé	rule of binary system
瞬变体系	shùnbiàn tǐxì	instantaneously unstable system
平衡条件	pínghéng tiáojiàn	equilibrium conditions
静定结构	jìngdìng jiégòu	statically determinate structures
超静定结构	chāojìngdìng jiégòu	statically indeterminate structures

思 考 题（Questions）

1. 链杆能否作为刚片？刚片能否作为链杆？两者有何区别？
2. 什么是几何可变体系？什么是几何不变体系？它们能作为结构使用吗？
3. 何为三刚片规则？三刚片规则和二刚片规则具有什么样的区别与联系？
4. 什么是二元体？二元体的增加或拆除会影响体系的几何组成性质吗？
5. 将下面的英文翻译成中文。

（1）When using the three rules to analyze a system, their strictness should be pay attention to distinguish restricted objects and their restraints which play a role to restrict them; the number of the restraints and their arrangement whether or not meet the requirement of geometric construction rules.

（2）A stable structure is considered to be statically determinate if all its support reactions and internal forces can be determined by solving the equations of equilibrium. For example, the simply supported beam has one hinged support and one roller support, so it is a stable system with no redundant restraint; obviously, the two supports will yield three reactions to the beam. Because the action lines of the three reactions are not concurrent at one same point, the three equations of equilibrium of a coplanar force system can be used to solve the three reactions. Once the reactions are solved all the internal forces of the beam will be determined.

拓展阅读（Extensive Reading）

会"断开"的桥

图 8-15 为一座正在使用中的桥梁结构，大家第一眼看上去会怎么想？咦，桥怎么断了？是出什么问题了吗？

其实不是，这座桥是一个可以活动的桥，每天这个桥的上面会自动转动，看起来就像断裂的桥一样。断桥的方式是设计师故意设计的，这里每天都会有大量的轮船经过，由于河面并不宽，修建高一点的桥，坡度太陡，而此桥的设计既保证了行车安全，也保证了水路和陆路两方面的畅通。

因为桥比较矮，正常情况下小一点的船可以通过；当桥面转动到与河道平行的位置时，高大的船也可以通过，如图 8-16 所示。

等船只通过后，桥再连接在一起又恢复了陆地的通行（图 8-17），每一天都会定时地开闸让船只通过，模式其实和等红绿灯差不多。

图 8-15 正在活动的桥

图 8-16 转动到与河道平行的位置

图 8-17 恢复路面交通

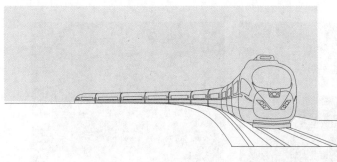

第 九 章

梁和刚架及内力特点

Internal Force Characteristics of Beam and Rigid Frame

梁（beam）和刚架（rigid frame）是工程中最常用也是最基本的结构形式，如图 9-1 所示的桥梁和房屋结构中，梁和刚架的适用非常普遍。

(a) 桥梁结构

(b)房屋结构

图 9-1　工程中的梁和刚架（beam and rigid frame in engineering）

第一节　工程中常见的梁类型
(Beam Types Commonly Used in Engineering)

根据支座对杆端约束的不同，梁可以分为简支梁（simply-supported beam）、悬臂梁（cantilever beam）、外伸梁（overhanging beam）、连续梁（continuous beam）等多种形式，如图 9-2 所示，其中（a）、（b）、（c）均为静定结构（statically determinate structures），（d）为超静定结构（statically indeterminate structures）。

(a) 简支梁

(b) 悬臂梁

(c) 外伸梁

(d) 连续梁

图 9-2　常见的梁类型（common beam types）

第二节　多跨静定梁（Multi-Span Statically Determinate Beam）

广西南宁市的邕江大桥（图 9-3），全长 394.6m，桥体两端是跨径为 45m 的单悬臂梁（single-cantilever beam），中间 5 孔跨度各长 55m，采用 23m 中间挂梁（suspended beam）的双悬臂桥（double-cantilever beam），桥墩（pier）则为双柱式（double-column pier）。这种是由若干根梁用铰相联，并用若干支座与基础相联而组成的静定结构（statically determinate structure）称为多跨静定梁

(multi-span statically determinate beam)。

图9-3 广西南宁邕江大桥（Yong River Bridge，Nanning，Guangxi）

图9-3 所示的这种多跨静定梁的计算简图如图9-4 所示。可以看出，梁 AB 和 CD 直接由支杆固定于基础，是几何不变（geometrically stable system）的，称其为多跨静定梁的基本部分（fundamental parts of multi-span statically determinate beam）；而短梁 BC 依靠基本部分（fundamental parts）的支撑才能承受荷载并保持平衡，称其为多跨静定梁的附属部分（accessory parts）。

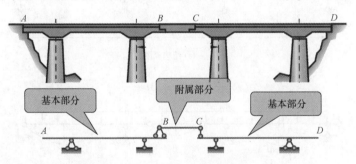

图9-4 多跨静定梁计算简图

(computing model of multi-span statically determinate beam)

当荷载（loads）作用于基本部分上时［图 9-5（a）］，只有基本部分受力，而附属部分不受力；另一方面，当荷载作用于附属部分上时［图 9-5（b）］，不仅附属部分受力，基本部分也受力。因此，对于多跨静定梁来说，力的传递顺序（the order of force transmission）是从附属部分传递到基本部分。因此在求解多跨静定梁的内力时，一般先分析附属部分，再分析基本部分。

多跨静定梁的内力可采用截面法（the method of sections）进行求解。以承

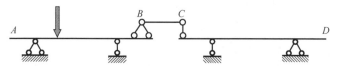

(a) 当荷载作用于基本部分上时，只有基本部分受力，附属部分不受力

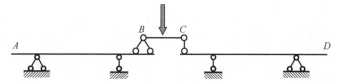

(b) 当荷载作用于附属部分上时，不仅附属部分受力，基本部分也受力

图 9-5　多跨静定梁传力途径

(load transmission of multi-span statically determinate beam)

受均布荷载的多跨静定梁为例 ［图 9-6 （a）］，当边跨的跨中截面弯矩 （mid-span bending moment of side span） 与支座处的截面弯矩 （bending moment at the section of support） 绝对值相等时达到结构的最优设计 （optimal design）。根据截面法，结合最优设计条件可求解出 x 以确定挂梁 CD 的位置，进而做出整个结构的弯矩图 ［图 9-6 （b）］。

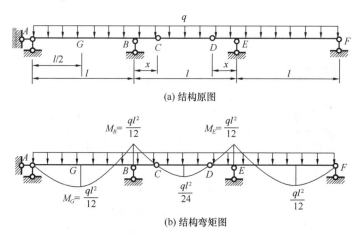

(a) 结构原图

(b) 结构弯矩图

图 9-6　均布荷载作用下多跨静定梁的弯矩

(bending moment of multi-span statically determinate

beam subjected to uniformly distributed loads)

　将多跨静定梁的弯矩图和同样承受均布荷载的简支梁的弯矩图相比 （图 9-7），会发现合理设计的多跨静定梁的最大弯矩 （mid-span bending moment） 明显比简支梁的最大弯矩小得多，且弯矩分布更均匀更合理，因此多跨静定梁可以根据内力分布做成变截面梁 （beam with variable cross section） 的形式以起到节省建筑材料的目

的，而简支梁桥由于跨中弯矩较大，一般只能采用等截面梁（beam with equal cross section）。另外，多跨静定梁比简支梁更能跨越较大的空间。但是，由于多跨静定梁中间存在铰结点，后期养护维修比较麻烦，目前已较少采用。

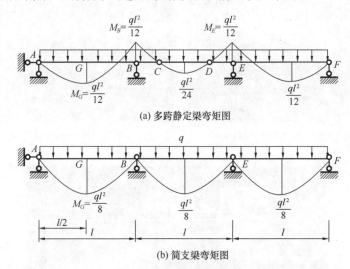

(a) 多跨静定梁弯矩图

(b) 简支梁弯矩图

图 9-7　多跨静定梁与简支梁相比

（comparison of multi-span statically determinate beam and simply-supported beam）

第三节　刚架（Rigid Frame）

刚架（rigid frame）是由若干杆件单元组成的，杆件单元联结的结点大部分为刚结点（rigid joints）的结构，如图 9-8 所示。所谓刚结点指的是相交于该结点的各根杆不能相对地转动和移动，可以相互传递弯矩、剪力和轴力。因此，刚结点增加了结构的刚度（rigidity），使结构的整体性（integrity）得到加强。

刚架结构的内力比较均匀（uniform），杆件少，且可以组合成较大的内部空间，制作也比较方便，所以工程上使用较多。实际工程中使用的刚架既有静定的（statically determinate structure），如图 9-9（a）～图 9-9（c）所示，也有超静定的（statically indeterminate structure），如图 9-9（d）所示。静定刚架分析是超静定刚

图 9-8　钢筋混凝土框架结构

（reinforced concrete frame structure）

架分析的基础，因此静定刚架的分析和计算是十分重要的。

(a) 悬臂刚架(cantilever rigid frame)

(b) 三铰刚架 (three-hinged rigid frame)

(c) 基本-附属刚架

(d) 连续刚构桥(continuous rigid frame bridge)(超静定刚架)

图 9-9　工程中的刚架结构示例

（examples of rigid frame structure in engineering）

　　刚架结构中各杆轴线及支座约束、外荷载均作用在同一平面内的称为平面刚架（plane frame structure）。刚结点也可以看成一个隔离体，根据隔离体受力分析，刚结点处的力矩代数和为零，所有沿水平向的合力为零，所有沿数值方向的合力为零。静定刚架的计算与梁相似，仍然采用截面法和静力平衡条件（statically equilibrium conditions），但是多了一个刚结点平衡（equilibrium of rigid joints)。在刚结点平衡中使用最广泛的则为刚结点的力矩平衡，如图 9-10 所示。

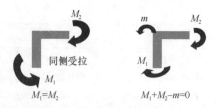

图 9-10 刚架的刚结点平衡
（equilibrium of rigid joints
in rigid frames）

刚架结构中，由于梁和柱之间存在刚结点联结，柱（column）和梁（beam）会相互约束（mutual restraint）。图 9-11 分别给出了刚架结构和同等跨度的梁式结构在承受相同的均布荷载和水平集中荷载情况下的内力比较。在竖向荷载作用下［图 9-11（a）］，梁柱共同分担弯矩，柱通过对梁的约束作用大大减少了梁的跨中弯矩，使得受力更加均匀，结构内力的峰值（peak）比相同跨度、相同荷载条件下的梁式结构内力要小。在水平荷载作用下［图 9-11（b）］，梁柱共同分担弯矩，梁通过对柱的约束作用大大减少了柱端弯矩，结构内力的峰值比相同高度、相同荷载条件下的柱子内力要小。因此，刚架结构在内力上有较大的优势，在结构形式上能够通过减少部分杆件做到结构内部的大空间。

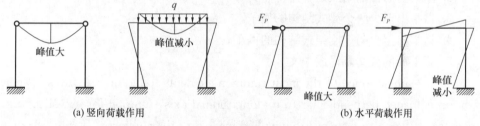

(a) 竖向荷载作用　　　　　　　　　　(b) 水平荷载作用

图 9-11　刚架结构的力学优点（mechanical advantages of the rigid frame）

![Word] 专业词汇汉英对照（Glossary）

专业词汇	拼音	英文
梁	liáng	beam
刚架	gāngjià	rigid frame
简支梁	jiǎnzhīliáng	simply-supported beam
悬臂梁	xuánbìliáng	cantilever beam
外伸梁	wàishēnliáng	overhanging beam
连续梁	liánxùliáng	continuous beam
多跨静定梁	duōkuà jìngdìngliáng	multi-span statically determinate beam
基本部分	jīběn bùfen	fundamental parts

续表

专业词汇	拼音	英文
附属部分	fùshǔ bùfen	accessory parts
等截面梁	děngjiémiànliáng	beam with equal cross section
变截面梁	biànjiémiànliáng	beam with variable cross section
悬臂刚架	xuánbì gāngjià	cantilever rigid frame
三铰刚架	sānjiǎo gāngjià	three-hinged rigid frame
连续刚构桥	liánxù gānggòuqiáo	continuous rigid frame bridge
钢筋混凝土	gāngjīn hùnníngtǔ	reinforced concrete
框架结构	kuàngjià jiégòu	framed structure
刚结点平衡	gāngjiédiǎn pínghéng	equilibrium of rigid joints

思 考 题 (Questions)

1. 多跨静定梁有什么特点?

2. 刚架内力在刚结点处有何特点?

3. 请举出至少两个梁式结构的例子。

4. 请举出至少两个刚架式结构的例子。

5. 将下面的英文翻译成中文。

(1) Beams are one of the most common elements found in structures. When a beam is loaded perpendicular to its longitudinal axis, internal forces (shear and moment) develop to transmit the applied loads into the supports. If the ends of a beam are restrained longitudinally by its supports, or if a beam is a component of a continuous frame, axial force may also develop. If the axial force is small (the typical situation for most beams), it can be neglected when the member is designed. In the case of reinforced concrete beams, small values of axial compression actually produce a modest increase (on the order of 5 to 10 percent) in the flexural strength of the member.

(2) If a structure behaves in a linearly elastic manner, the force or displacement at a particular point produced by a set of loads acting simultaneously can be evaluated by adding (superimposing) the forces or displacements at the particular point produced by each load of the set acting individually. In other words, the response of a linear, elastic structure is the same if all loads are applied simultaneously or if the effect of the individual loads are combined.

拓展阅读（Extensive Reading）

火神山医院的"中国速度"

2020 年 1 月，新型冠状病毒感染疫情在武汉暴发！

2020 年 1 月 23 日，武汉市城建局紧急召集中建三局等单位举行专题会议，2020 年 1 月 24 日，武汉火神山医院相关设计方案完成；2020 年 1 月 29 日，武汉火神山医院建设已进入病房安装攻坚期；2020 年 2 月 2 日上午，武汉火神山医院正式交付。从方案设计到建成交付仅用 10 天（图 9-12），被誉为中国速度！

图 9-12　武汉火神山医院的 10 天建造过程

如何实现的呢？

武汉火神山医院的选址完成后，最先遇到难关的是设计院。他们必须想办法在两天左右的时间内设计出一座医院并满足：能容纳 1000 张床位，具备新风系统、负压系统、急救室、污水处理、食堂、水电气网，并要满足 2000名医护人员的住宿，要确保 10 天能造出来，建筑的使用寿命最少要支持 3 个月！事实是，2020 年 1 月 23 日下午，中信建筑设计研究总院接到武汉火神山医院的紧急设计任务后，迅速组建起 60 余人的项目组，当晚即投入到设计工作中。中信建筑设计研究总院在接到任务 5 小时内完成场地平整设计图，为连夜开工争取了时间；24 小时内完成方案设计图，经 60 小时连续奋战，至 1月 26 日凌晨交付全部施工图。设计院花了 60 个小时就出炉了整套完整的施工图纸（图 9-13）！

图 9-13　火神山医院施工图示例

图画完之后，交付施工队就要正式开始施工了，首先他们面对的是需要平整场地的问题，这也是一开始"小黄、小红、小蓝"在挖来挖去的目的。这张很多挖土机同时工作的世界名画就是在做场地平整的大事（图 9-14）。

和普通的工程不一样，隔离病房最关键的一点在于如何做好防渗工作，避免医疗废水流到地下污染地下水，或是污染湖泊。这个防渗工作有多繁杂呢？它的流程是这样的：

首先挖好预埋管道的坑，埋管子（主要是污水管）。再在整备完的地面上铺一层 20cm 的砂子，要匀。接着铺上一层 $600g/m^2$ 的白色土工布，铺完之后马上热熔焊接一层 HDPE（2.0mm 双糙面）防渗膜（图 9-15），紧接着再铺一层白色土工布，工程工艺非常复杂，只能靠人力铺设。完了之后，所有的地面再铺上一层 20cm 的砂土，像是在地面下埋了一个巨大的"夹心三明治"。只有完备好这样的防护工作，才能将废水和雨水经三次净化后排走。

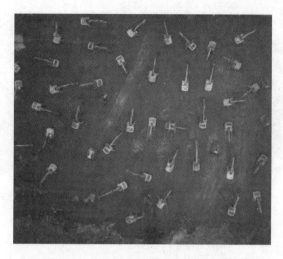

图 9-14　火神山医院施工前的场地平整

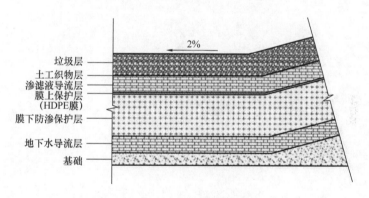

图 9-15　火神山医院的防渗层

　　地面整好了之后，就要盖病房了，为了节约时间，肯定不能用一墙一瓦砌起来的砖房，这时候就轮到这次医院的主体——装配式钢结构登场了！装配式施工如图 9-16 所示。

　　就这样将 N 个病房拼在一起，很快就形成一块大的区域。病房中的医疗器械也完全按照正规医院的配置来摆放，一应俱全，并增添了电话线、千兆网线等通信设备，保障了病人隔离的时候不会无聊，医生和病人之间的沟通顺畅。

　　做好每一间病房的室内装修，整体就算完工了，最后移交给人民子弟兵的军医们保驾护航，防疫野战医院正式交付。以十天的建设速度完成了这么高质量的防疫医院，放眼全世界都找不出第二家来，是名副其实的"中国速度"！

图 9-16　火神山医院的装配式施工

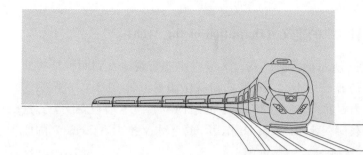

第 十 章

拱结构及内力特点

Concepts and Internal Force Characteristics
of Arch Structures

　　拱结构不仅是古代砖石建筑中广泛采用的结构形式，而且还是现代建筑、桥梁、隧道、水利等土建工程中极其常用的一种结构形式，多用在大跨结构中。图 10-1 所示重庆市朝天门大桥，大桥全长 4.88km，主桥跨径 552m，是古典桥型与现代建桥技术的完美结合。上层为双向 6 车道，下层是双向轻轨轨道。

图 10-1　重庆市朝天门大桥（Chaotianmen Bridge，Chongqing）

第一节　拱的定义　(Definition of the Arch)

我们先来比较图 10-2 所示的两种结构。大家肯定能直观地看到两种结构的
杆轴都是曲线形式，但是 B 支座不同，在竖向荷载作用下，图 10-2（a）所示的
结构会产生水平支座反力，而图 10-2（b）所示的结构不会产生水平支反力。这
种在自身平面内的竖向载荷（vertical load）作用下产生水平推力（thrust）的曲
杆结构称为拱（arch）。

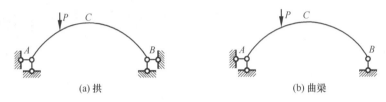

图 10-2　拱和曲梁的对比（comparison of an arch and a curved beam）

在竖向荷载作用下，水平推力（指向拱外的水平支座反力）的有无是区分拱
与曲梁的重要标志。比如图 10-3 中的天津市狮子林桥，它是一座变截面连续梁
桥，而不是一座拱桥。

图 10-3　天津市狮子林桥（Shizilin Bridge, Tianjin）

第二节　拱结构的类型及专业术语
(Types and Terminology of the Arch)

根据拱结构中铰的多少，拱可以分为三铰拱（three-hinge arch）、两铰拱（two-hinge arch）、无铰拱（fixed-ended arch），如图 10-4 所示。

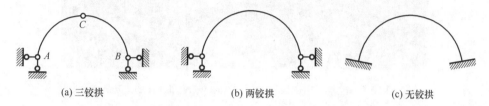

(a) 三铰拱　　　　　　　　　　(b) 两铰拱　　　　　　　　　　(c) 无铰拱

图 10-4　拱结构的分类（types of arch structures）

显然，三铰拱为静定结构（statically determinate structure），两铰拱和无铰拱均为超静定结构（statically indeterminate structure）。

图 10-5 和图 10-6 所示的两座著名桥梁均为三铰拱桥。图 10-7 所示的桥梁为无铰拱桥。由于铰的存在使其构造复杂，施工困难，维护费用高，而且减小了整体刚度、降低了抗震能力，因此目前的桥梁工程中一般较少使用。

图 10-5　瑞士萨尔吉那桥（Salginatobel Bridge，Switzerland）

如图 10-8 所示，拱与基础联结处，称为拱脚或拱趾（arch foot，or abutment）；拱轴最高处称为拱顶（top of an arch，or crown）；两拱脚之间的水平距离 l 称为拱的跨度（span）；拱顶到两支座连线的竖距 f 称为拱高或矢高（rise）；矢高与跨度之比 f/l 称为矢跨比（rise-span ratio）。矢跨比是拱的重要几何特征，其值可由 1/10～1，变化范围很大。跨度 l 和矢高 f 要根据工程使用条件来确定。常用的拱轴线形状（shape of arch axis）有抛物线（parabola）、圆弧线（arc）和悬链线（catenary）等，视荷载情况而定。

图 10-6 巴黎亚历山大三世桥（Alexandre Ⅲ Bridge，Paris）

图 10-7 无铰拱桥（fixed-ended bridge）

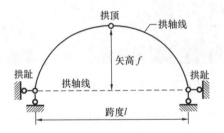

图 10-8 拱结构的术语
（terminology of arch structures）

当存在多个拱券，且每两个拱券之间有桥墩，把所有拱券连成一个整体时，这种拱桥称为联拱桥（multiple-arch bridge），如图 10-9 所示的北京市颐和园内的十七孔桥。

图 10-9 颐和园的十七孔桥
（Seventeen arch bridge, Summer Palace, Beijing）

卢沟桥（Lugou Bridge）是北京地区现存最古老的一座联拱石桥（图 10-10）。卢沟桥全长 267m，宽 7.6m，最宽处可达 9.5m。有桥墩（pier）10 座，共 11 跨（eleven spans），整个桥体都是石结构，关键部位均有银锭铁榫连接，为华北最长的古代石桥。桥身两侧石雕护栏各有望柱（baluster）140 根，柱头上均雕有卧伏的大小石狮（stone lions）共 501 个，神态各异，栩栩如生。

图 10-10 北京市卢沟桥（Lugou Bridge, Beijing）

第三节　三铰拱的内力特点
(Internal Force Properties of the Three-hinge Arch)

根据静力平衡条件，可以求解三铰拱结构的支座反力 (reactions)，如图 10-11 及式 (10-1) ~式 (10-3) 所示。可看出，三铰拱的支座反力只与荷载及三个铰的位置有关，与拱轴线形状无关。水平推力 (thrust) 与跨度 (span) 有关，跨度越小，推力越小；水平推力与拱矢高 (rise) 有关，矢高越大，推力越小。

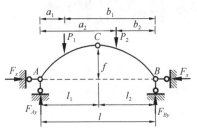

图 10-11　三铰拱支座反力的求解
(reaction solving of a three-hinge arch)

静定拱结构支反力的求解：

整体平衡求竖向支反力；局部平衡求水平支反力。

$$F_{Ay} = \frac{\sum P_i b_i}{l} \tag{10-1}$$

$$F_{By} = \frac{\sum P_i a_i}{l} \tag{10-2}$$

$$F_x = \frac{F_{Ay} l_1 - P_1 (l_1 - a_1)}{f} \tag{10-3}$$

三铰拱结构的内力求解完全遵循静定结构求解内力的原理和方法，如图 10-12 所示。

拱结构 K 截面的弯矩：

$$M_K = [F_{Ay} x - P_1 (x - a_1)] - F_x y$$
$$\tag{10-4}$$

相应简支梁 K 截面的弯矩：

$$M_K^0 = F_{Ay} x - P(x - a_1) \tag{10-5}$$

拱结构 K 截面的剪力：

$$F_{SK} = (F_{Ay} - P_1)\cos\varphi - F_x \sin\varphi$$
$$= F_{SK}^0 \cos\varphi - F_x \sin\varphi \tag{10-6}$$

拱结构 K 截面的轴力：

$$F_{NK} = -(F_{Ay} - P_1)\sin\varphi - F_x \cos\varphi$$
$$= F_{SK}^0 \sin\varphi - F_x \cos\varphi \tag{10-7}$$

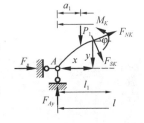

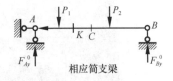

图 10-12　三铰拱内力的求解
(internal force solving of a three-hinge arch)

从式 (10-5) 可以看出，由于推力的存在，拱的弯矩 (bending moment) 比相应简支梁 (corresponding simply-supported beam) （同跨同荷载简支梁）的弯矩要小得多，或者截面内几乎没有弯矩，使拱成为一个以受压为主或单纯受压的结构，这样就可以充分利用抗拉强度低而抗压强度高的廉价建筑材料 (cheap construction material)，如砖 (brick)、石

（stone）、混凝土（concrete）等，如图 10-13 所示。

图 10-13 砖石砌体的拱结构
(arch structure made of brick，stone and other masonry)

从式（10-5）～式（10-7）还可以看出，三铰拱的截面弯矩与荷载、三个铰的位置有关，与拱轴线的形状无关；但是，三铰拱的截面剪力（shear force）和轴力（axial force）不仅与荷载和三个铰的位置有关，而且与拱轴线的形状有关。从轴力的表达式还可以看出，三铰拱在竖向荷载作用下一般轴向受压（axial compression），水平推力的存在增大了轴向压力。

三铰拱的水平推力反过来会作用于基础，因此要求有坚固的基础（firm foundation），图 10-14 所示的拱桥采用山体作为基础。为了使得基础尽量不承受水平推力，可以去掉一根水平链杆（horizontal link），而在拱内加一根拉杆（tie），由拉杆来承受拱对基础的推力，如图 10-15（a）所示。当通航高度不满足时，可以将水平拉杆进行构造变换，设置成多个二力杆的形式，如图 10-15（b）所示。

图 10-14 拱结构坚实的基础（firm foundation of the arch）

1990 年建成的四川旺苍东河大桥（图 10-16）为 115m 下承式钢管混凝土系

杆拱桥（through tied arch bridge made of concrete-filled steel tube），是中国第一座钢管混凝土拱桥。

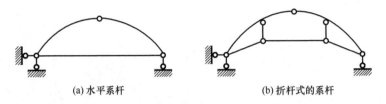

(a) 水平系杆　　　　　　　　　(b) 折杆式的系杆

图 10-15　系杆拱（tied arch）

图 10-16　四川旺苍东河大桥（Wangcang East River Bridge，Sichuan）

第四节　合理拱轴线（Optimal Axial Line of the Arch）

一般情况下，拱截面上的内力有弯矩、剪力和轴力三个内力分量。拱是偏心受压构件（eccentric compression member），截面上的法向应力呈不均匀分布（nonuniform distribution）。

由弯矩方程 $M_K = M_K^0 - F_x y$ 可以看出，当三铰拱的跨度和荷载（loading）一定时，相应简支梁的弯矩 M_K^0 是一定的，拱的截面弯矩 M_K 将随 $F_x y$ 的变化而改变，即与拱轴方程有关，所以可以选择一条合适的拱轴线（arch axial line），使得拱的任意一个截面上的弯矩为零（zero bending moment）而只承受轴向压力（axial compression），如图 10-17 所示。此时，拱截面上的法向应力（normal stress）均匀分布，从而使拱的材料得到最充分的利用（fully utilize）。在一定荷载作用下，使拱处于均匀受压状态（即无弯矩状态）的拱轴线，称为合理拱轴线（optimal axial line of the arch）。

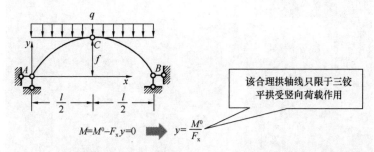

该合理拱轴线只限于三铰平拱受竖向荷载作用

$$M=M^0-F_x y=0 \Rightarrow y=\frac{M^0}{F_x}$$

图 10-17　三铰拱的合理拱轴线 （optimal axial line of the three-hinge arch）

基于三铰拱模型，合理拱轴线可以推广至所有拱：对于特定的荷载，存在特定的、与之对应的数学曲线，当拱轴符合该曲线时，拱的横截面内仅存在轴向作用——压力（compression）。该曲线被称为在该荷载条件下的合理拱轴线。如洛阳市龙门大桥（图 10-18）采用了等截面悬链线（equal-sectional catenary）形式的合理拱轴线。在径向静水压力作用下的拱坝（图 10-19），其水平方向的拱券为圆弧形（arc）。

图 10-18　洛阳市龙门大桥 （Longmen Bridge，Luoyang）

图 10-19　圆弧形水坝（circular arc dam)

 专业词汇汉英对照（Glossary）

专业词汇	拼音	英文
拱	gǒng	arch
三铰拱	sānjiǎogǒng	three-hinge arch
两铰拱	liǎngjiǎogǒng	two-hinge arch
无铰拱	wújiǎogǒng	fixed-ended arch
跨度	kuàdù	span
矢高	shǐgāo	rise
矢跨比	shǐkuàbǐ	rise-span ratio
拱趾	gǒngzhǐ	arch foot，or abutment
拱顶	gǒngdǐng	top of an arch，or crown
水平推力	shuǐpíng tuīlì	thrust
相应简支梁	xiāngyìng jiǎnzhīliáng	corresponding simply-supported beam
联拱桥	liángǒngqiáo	multiple-arch bridge
系杆拱	xìgǎngǒng	tied arch
合理拱轴线	hélǐ gǒngzhóuxiàn	optimal axial line of the arch
抛物线	pāowùxiàn	parabola
圆弧线	yuánhúxiàn	arc
悬链线	xuánliànxiàn	catenary

思 考 题（Questions）

1. 三铰拱的支座反力以及内力与拱轴线的形状有关吗？
2. 三铰拱可以用砖、石、混凝土等材料建造吗？为什么？
3. 什么是拱结构的矢跨比？
4. 什么是合理拱轴线？
5. 将下面的英文翻译成中文。

(1) Arches are often classified by the number of hinges they contain or by the manner in which their bases are constructed. There are mainly three types of arch structures: three-hinge arch, two-hinged arch, and fixed-ended arch. The three-hinge arch is statically determinate; the other two types are indeterminate. The three-hinge arch is the easiest to analyze and construct. Since it is determinate, temperature changes, support settlements, and fabrication errors do not create stresses. On the other hand, because it contains three hinges, it is more flexible than the other arch types.

(2) The Romans mastered the construction of arch structures thousands of years ago by empirical methods of proportioning. However, the theory and analysis of masonry arches were formalized much later. In particular, Philippe de La-Hire (1640—1718) applied statics to geometrical solution of funicular polygons (1695), and found that semicircular arches are unstable and rely on grout bond or friction between masonry or stone wedges to prevent sliding. Further important development was made by Charles Coulomb (1736—1806), in which he established design equations for determining the limiting values of arch thrust in order to achieve stability.

拓展阅读（Extensive Reading）

双层组合石拱桥——太平桥

在江西赣州龙南市杨村街北面三里许的太平江上，有座建造奇特的两孔三墩、四拱双层重叠组合石拱桥（图10-20），这就是龙南市重点保护的文物之一"太平桥"。

太平桥有古今两座，古桥即上桥，始建于明正德年间，在现桥的上游百余米处，今仅存蚀空斑驳的桥址（图10-21）。

图 10-20　双层组合石拱桥——太平桥

图 10-21　上桥遗址

　　下桥重建于清嘉庆至道光年间，主体桥身完好，这就是现在的太平桥。太平者，以示天下之升平也，这是古太平桥的由来。太平桥，造型奇特，用工精细，四拱重叠组合，分砖木和砖石双层结构，全长 50m，面宽 4m，通身高 17.2m（图 10-22）。下层两孔三墩，以精磨花岗石为料，桐油、石灰、红糖、糯米浆为灰浆，精工砌筑而成。拱跨分别为 11.9m 和 12.9m，拱高6.2m。上层有砖木结构的四通凉亭，资以览胜和休憩。侧面大拱砖 8.4m，高 8m，拱肩落于下层两拱的拱顶之上，正面小拱跨 2m，墙厚 1m，小拱之上有赖懋杰手书刚劲有力的"太平桥"三字。亭顶四周以三耙飞檐相衬，桥跨两岸，宛如长虹，气势磅礴，蔚为壮观。

(a) 跨度

(b) 高度

图 10-22 太平桥的跨度和高度

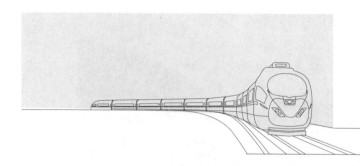

第 十 一 章

桁架和组合结构及内力特点

Concepts and Internal Force Characteristics of
Trusses and Composite Structures

桁架（truss）在工程中应用很多，如房屋、桥梁、水闸闸门等结构的主要部件都经常采用桁架的形式，如图 11-1 所示的钢筋混凝土屋架和木屋架，图 11-2 所示的南京市大胜关大桥的钢桁拱桥。

(a) 钢筋混凝土屋架   (b) 木屋架

图 11-1　桁架式屋架结构（trussr of structure）

图 11-2　南京市大胜关大桥（Dashengguan Bridge，Nanjing）

第一节　桁架的计算简图 （Computing Model of the Truss）

工程中，桁架结构杆件之间的联结结点有的类似铰结点 ［hinge joints，图 11-3 （a）］，有的则是刚结点 （rigid joints） 的形式 ［图 11-3 （b）］。但是在结点荷载作用下，无论是理论计算还是试验都证明桁架中各杆件的内力性质主要是拉 （tension）、压 （compression），弯曲和剪切变形所带来的内力都比较小。因此，桁架结构的结点一般简化为铰结点的形式，如图 11-4 所示。

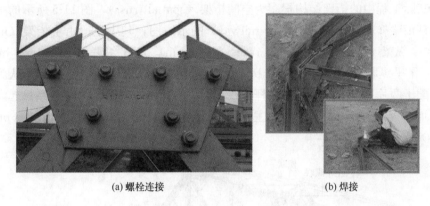

(a) 螺栓连接　　　　　　　　　　　(b) 焊接

图 11-3　实际桁架结构中的结点 （joints in actual truss structure）

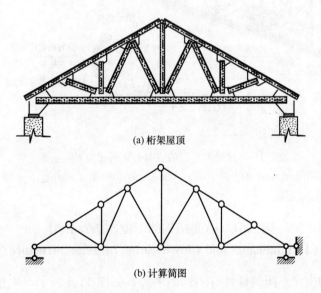

(a) 桁架屋顶

(b) 计算简图

图 11-4　桁架结构的计算 （computing model of truss structure）

为了简化计算，同时反映桁架的主要特点，在取平面桁架（plane truss）的计算简图时一般都作如下假设（assumption）：

（1）桁架中各杆都为均质等截面直杆（homogenous straight member with equal cross section）。

（2）各结点都是无摩擦的理想铰（frictionless ideal hinge），铰的中心为各杆轴线的交点（intersection）。

（3）荷载只作用在结点上并在桁架的平面内。

符合上述假设的桁架结构称为理想桁架（ideal truss）。

实际工程中的桁架结构很多为空间桁架（spatial truss），图 11-5 所示的一个铁路钢桁梁（steel truss beam of railway）的示意图，其中主梁由主桁架（main truss）、纵梁（stringer）、横梁（transverse beam）、上平纵联（top lateral bracing）、下平纵联（bottom lateral bracing）等组成。在竖向荷载作用下，认为荷载分配于两片主桁架，荷载与各杆轴线在同一平面内，同时认为联结系只起联结作用而不承受力。因此，每片主桁架便可作为彼此独立的平面桁架（plane truss）来计算。

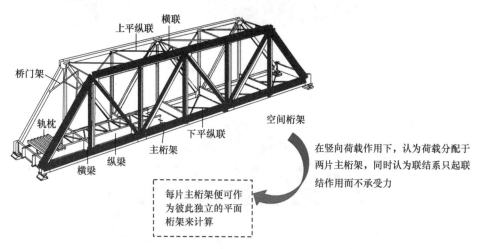

图 11-5　铁路钢桁梁的空间桁架转化为平面桁架
（simplification of spatial truss to plane truss of railway steel truss beam）

第二节　桁架结构的专业术语及分类
(Terminologies and Classification of Truss Structure)

桁架结构中，不同的杆件有不同的名称，如图 11-6 所示，主桁架上部的杆件称为上弦杆（top chord），底部的杆件称为下弦杆（bottom chord）。在桁架上下弦之间的杆统称为腹杆（web member），腹杆又包括斜杆（diagonal member）

和竖杆（vertical member）。上弦杆和下弦杆之间的竖向距离称为桁高（height of the truss），弦杆两个大结点之间的距离称为节间长度（panel length）。

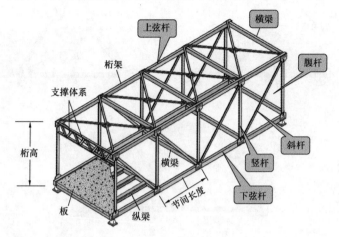

图 11-6　桁架结构的专业术语（terminologies of truss structure）

平面桁架按几何组成方式可分为 3 类。

（1）简单桁架（simple truss）

由基础（foundation）或一个基本铰结点三角形（basic three-hinge triangle），依次增加二元体而组成的桁架，如图 11-7 所示。

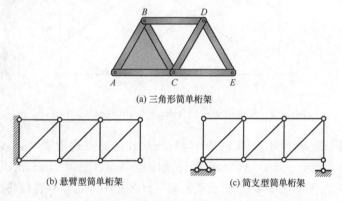

(a) 三角形简单桁架

(b) 悬臂型简单桁架　　　　(c) 简支型简单桁架

图 11-7　简单桁架示例（examples of simple truss）

（2）联合桁架（compound truss）

由几个简单桁架按几何不变体系的组成规则组成的桁架，如图 11-8 所示。

（3）复杂桁架（complex truss）

不是按以上两种方式组成的桁架，如图 11-9 所示。复杂桁架不仅分析计算麻烦，而且施工也不大方便，工程上较少使用。

实际工程中，桁架式的屋顶（roof）可以制作成多种桁架形式，常用的一些

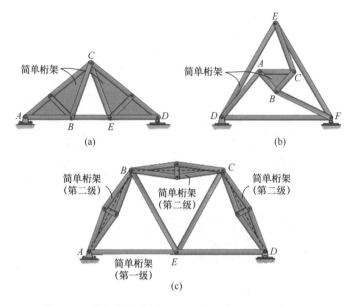

简单桁架

(a)

简单桁架

(b)

简单桁架
（第二级）

简单桁架
（第二级）

简单桁架
（第二级）

简单桁架
（第一级）

(c)

图 11-8 联合桁架示例（examples of compound truss）

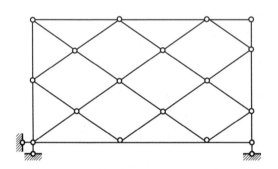

图 11-9 复杂桁架示例（examples of complex truss）

结构形式如图 11-10 所示。图 11-10（a）一般称为剪刀式桁架（scissors truss），常用于短跨（short span）且要求有头顶净空（overhead clearance）；图 11-10（b）和图 10-10（c）分别称为豪威式桁架（Howe trusses）和普拉特桁架（Pratt trusses），主要用于跨度为 18～30m 范围的中等跨度（moderate span）屋顶。如果需要更大的跨度，则需要采用扇形桁架［fan truss，图 11-10（d）］或芬克式桁架［Fink truss，图 11-10（e）］。当然，此类桁架的下弦杆可以制成图 11-10（f）所示的反拱芬克式桁架（cambered bottom chord）。

如果选择平屋顶或近似平屋顶，则经常采用图 11-10（g）所示的华伦式桁架（Warren truss）；当柱子间距不是那么乐观且需要均匀照明时，比如纺织厂，常采用图 11-10（h）所示的锯齿形桁架（sawtooth truss）。图 11-10（i）所示的弓

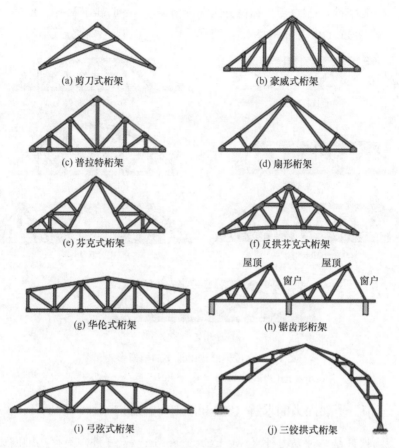

(a) 剪刀式桁架   (b) 豪威式桁架

(c) 普拉特桁架   (d) 扇形桁架

(e) 芬克式桁架   (f) 反拱芬克式桁架

(g) 华伦式桁架   (h) 锯齿形桁架

(i) 弓弦式桁架   (j) 三铰拱式桁架

图 11-10　屋顶结构中常用的桁架形式

（truss pattern commonly used in roof structure）

弦式桁架（bowstring truss）会在一些库房类或小的飞机机库中使用，图 11-10
(j) 所示的三铰拱式桁架的成本较高，经常用在高楼或体育场馆（gymnasiums）
之类的大跨结构中。

　　在单跨桥梁结构常用的桁架形式中，普拉特桁架［Pratt trusses，图 11-11
(a)］、豪威式桁架［Howe trusses，图 11-11 (b)］、华伦式桁架（Warren truss）
一般用于跨度不大于 61m 的桥梁，其中最常用的是带竖杆的华伦式桁架［图 11-
11 (c)］。对于再大一些的跨度，必须增加桁高（the height of the truss）来支撑
跨中截面的最大弯矩，为了节省材料常采用具有多边形上弦杆（polygonal upper
chord）的桁架，比如帕克式桁架［Parker truss，图 11-11 (d)］。带竖杆的华伦式
桁架也能通过形式的改变适应 91m 的桥梁跨度。如果斜杆相对水平杆的倾斜角度
在 45°～60°之间，用材则是最经济的。对于跨度大于 91m 的桥梁结构，桁架的高度
必然会更高，因此纵梁上的板则会更长，为满足强度和刚度的要求，此时可采用

Baltimore 桁架 [图 11-11（e）] 和再分式华伦桁架 [Subdivided Warren truss，图 11-11（f）]。图 11-11（g）所示的 K 形桁架（K-truss）也能用作再分式桁架。

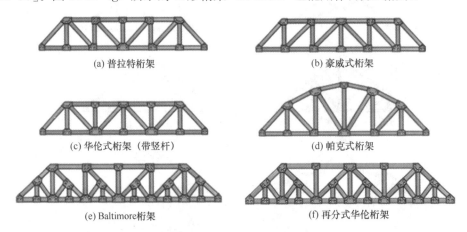

(a) 普拉特桁架　　　　　　　　　　　　　(b) 豪威式桁架

(c) 华伦式桁架（带竖杆）　　　　　　　　　(d) 帕克式桁架

(e) Baltimore桁架　　　　　　　　　　　(f) 再分式华伦桁架

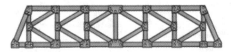

(g) K形桁架

图 11-11　桥梁结构中常用的桁架形式
（truss pattern commonly used in bridge structure）

第三节　桁架内力的求解（Solving of Internal Forces of the Truss）

理想桁架杆是一种二力杆（two-force members），杆件内只存在轴向力（axial forces），而没有剪力和弯矩。桁架结构内力的求解方法主要有：结点法（method of joints）、截面法（method of sections）以及两种方法的联合运用。

一、结点法（Method of Joints）

结点法就是取桁架中的各结点为研究对象，通过假想平面将结点从结构中隔离出来，作结点的隔离体受力分析图。进而利用汇交力系的平衡条件（equilibrium conditions）$\sum F_x = 0$，$\sum F_y = 0$ 列出两个平衡方程，求解出该结点上的各杆内力。可以看出，取每一结点为隔离体时，由于只能列两个平衡方程，因此一次只能求解两个未知的杆力。对于简单桁架，若要求出所有杆的内力，那么用结点法比较合适，如图 11-12 所示。

二、截面法（Method of Sections）

截面法就是取适当的截面将桁架截开，取其中某一部分为隔离体，由平面任意力系的平衡方程 $\sum F_x = 0$，$\sum F_y = 0$，$\sum M_O = 0$ 求未知的轴力。如图 11-13 所示，取Ⅰ-Ⅰ截面或Ⅱ-Ⅱ截面将桁架结构完全切开，取左边部分或右边部分为隔离体，可以求解相应杆件的内力。

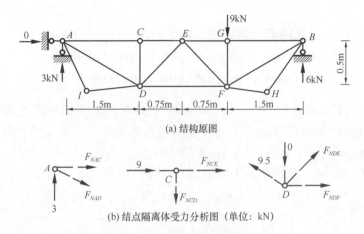

(a) 结构原图

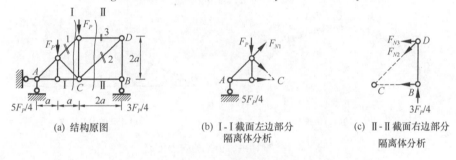

(b) 结点隔离体受力分析图（单位：kN）

图 11-12　结点法求桁架内力

（solving of internal forces of the truss by the method of joints）

(a) 结构原图　　(b) Ⅰ-Ⅰ截面左边部分　　(c) Ⅱ-Ⅱ截面右边部分
　　　　　　　　　隔离体分析　　　　　　　隔离体分析

图 11-13　截面法求桁架内力

（solving of internal forces of the truss by the method of sections）

　　桁架结构中各杆件轴力的正负号（signs）非常关键，正号表示该杆受拉力（compression），负号表示该杆受压力（tension），否则可能会发生桁架结构的倒塌事故（图 11-14）。杆件内力为零的杆称为零杆（zero-force members）。

图 11-14　桁架结构倒塌事故（failure of truss structure）

第四节　梁、拱、桁架的内力传递比较
(Comparison of Beams, Arches and Trusses in
Terms of Internal Force Transmission)

梁是典型的实腹式杆件（solid member），通过一侧受拉一侧受压来承受弯矩（bending moment），通过截面的相互错动来传递剪力（shear force），其内力传递（transmission of internal forces）模式为"担（shoulder）"，如图 11-15（a）所示。对于拱结构，当采用合理拱轴线时，拱截面上主要内力为轴力，因此其内力传递模式为"导（guide）"如图 11-15（b）所示。

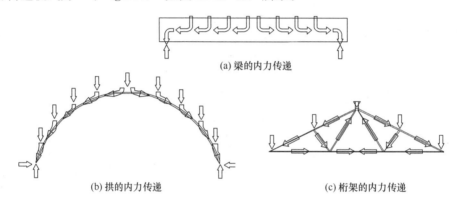

(a) 梁的内力传递

(b) 拱的内力传递　　　　　(c) 桁架的内力传递

图 11-15　梁、拱、桁架的内力传递
（transmission of internal forces in beam, arch and truss）

桁架与梁相比，则有了很大变化。首先，桁架由杆件组成，属于空腹杆件（hollow member），减轻了自重；其次，桁架所有杆件只承受拉力和压力，不再出现弯矩和剪力，其内力传递模式为"传（transfer）"，如图 11-15（c）所示。

第五节　组合结构（Composite Structures）

从结构形式上来看，梁、拱、桁架这三种结构形式的任意组合所形成的结构称为组合结构。从不同内力杆件的组合来看，组合结构又指由受弯杆件（又称梁式杆，flexural members）与二力杆件（又称链杆，two-force members）组合而成的结构。受弯杆件的截面内会同时产生弯矩、剪力和轴力，而二力杆截面内只有轴力，因此在组合结构内力求解时，要正确区分两类杆件。例如图 11-16 所示的组合结构，根据荷载作用位置以及各杆的受力情况可判断出，杆件 AFC、BGC 为受弯杆件，其余杆件均为二力杆。

求解组合结构的内力时，一般情况下应先计算二力杆的轴力，并且在取隔离体的时候尽量避免截断受弯杆件。对于图 11-16 所示的组合结构，可以取穿过 C

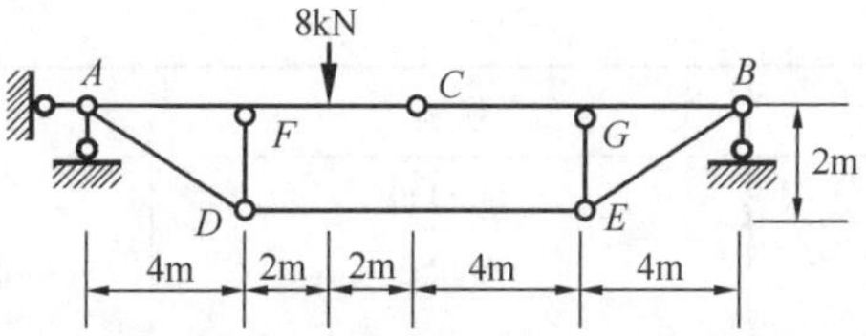

图 11-16　组合结构（composite structure）

铰和切断 *DE* 杆的截面将结构分成两部分，然后取左半部分或右半部分利用静力平衡条件即可求出所有杆件的内力。

　　由于组合结构可采用力学性能不同的杆件，能够充分发挥不同杆件的受力特征，所以在工程中应用广泛。悬索桥则为一种典型的组合结构，吊杆和拉索为二力杆，主梁为受弯杆，如图 11-17 所示。

图 11-17　悬索桥的结构杆件（members of suspension bridge）

![Word] 专业词汇汉英对照（Glossary）

专业词汇	拼音	英文
平面桁架	píngmiàn héngjià	plane truss
无摩擦的理想铰	wúmócā de lǐxiǎngjiǎo	frictionless ideal hinge
纵梁	zòngliáng	stringer
横梁	héngliáng	transverse beam
上弦杆	shàngxiángǎn	top chord
下弦杆	xiàxiángǎn	bottom chord
斜杆	xiégǎn	diagonal member

续表

专业词汇	拼音	英文
竖杆	shùgǎn	vertical member
桁高	hénggāo	height of the truss
节间长度	jiéjiān chángdù	panel length
简单桁架	jiǎndān héngjià	simple truss
联合桁架	liánhé héngjià	compound truss
复杂桁架	fùzá héngjià	complex truss
短跨	duǎnkuà	short span
中等跨度	zhōngděng kuàdù	moderate span
结点法	jiédiǎnfǎ	method of joints
截面法	jiémiànfǎ	method of sections
二力杆	èrlìgǎn	two-force members
零杆	línggǎn	zero-force members
内力传递	nèilì chuándì	transmission of internal forces
组合结构	zǔhé jiégòu	composite structures

思 考 题（Questions）

1. 根据几何组成情况，桁架结构主要可分为哪几类？每一类各有何特点？
2. 求解桁架结构内力的方法主要有哪些？如何求解？
3. 桁架结构与梁式结构在内力求解方法上有何异同？
4. 组合结构内共包含哪几类受力杆件？
5. 将下面的英文翻译成中文。

（1）Always assume the unknown member forces acting on the joint's free-body diagram to be in tension, i. e., "pulling" on the pin. If this is done, then numerical solution of the equilibrium equations will yield positive scalars for members in tension and negative scalars for members in compression. Once an unknown member force is found, use its correct magnitude and sense (T or C) on subsequent joint free-body diagrams. The correct sense of direction of an unknown member force can, in many cases, be determined "by inspection".

（2）Cables constructed of high-strength steel wires are completely flexible and have a tensile strength four or five times greater than that of structural steel. Because of their great strength-to-weight ratio, designers use cables to construct long-span structures, including suspension bridges and roofs over large arenas and convention halls. In a typical cable analysis, the designer establishes the position of the end supports, the magnitude of the applied loads, and the elevation of one other point on the cable axis (often the sag at midspan). Based on these parameters, the designer applies cable theory to compute the end reactions, the force in the cable at all other points, and the position of other points along the cable axis.

 ## 拓展阅读（Extensive Reading）

新型组合结构——双擎大厦

"双擎大厦"（图 11-18）是我们对瑞丰银行大楼项目的昵称，这个名字传神而准确地抓住了建筑最为鲜明的结构特征。建筑由一高一矮两座塔楼构成，双塔之间由一个 70m 通高的玻璃中庭连接。在建筑的南、北立面，各有一双从地面升起直插云霄的巨柱，大有擎天架海之势，这便是"双擎大厦"昵称的由来。图 11-19 为外部构架示意图。

随着结构设计的深化，一个新的问题显现出来。在我们对结构体系的前期构想中，两座塔楼地面以上部分是彼此独立的，双塔之间设有一个通高的玻璃中庭。中庭的东立面采用通透的索网幕墙，由弹性拉索支撑。但是当索网幕墙的计算数据反馈给结构专业工程师后，反映连接两座塔楼的水平拉索产生了巨大的应力，导致两座塔楼的位移指标和扭转指标超出允许范围。作为解决方案，结构工程师在中庭顶部增加两组大型桁架，将两座塔楼连为一个整体，以抵御水平拉索的应力。这一不得已的修改会对原建筑方案中的中庭吊顶产生巨大影响，随之而来的对美学效果的影响便成为下一个亟待解决的议题。

图 11-20（a）的原方案中，水平拉索导致两座塔楼的位移指标和扭转指标超标，而在图 11-20（b）所示的新方案中，中庭顶部增加两组大型桁

图 11-18　双擎大厦效果图

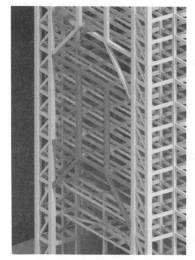

(a) 建筑南、北立面的六层为一组的构架   (b) 建筑东、西立面的两层为一组的构架

图 11-19　双擎大厦的外部构架

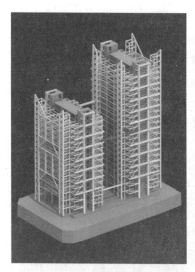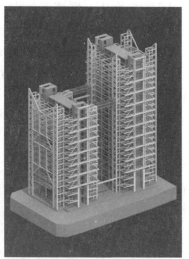

(a) 原方案   (b) 新方案

图 11-20　两座塔楼的连接新旧方案对比

架，将两座塔楼连为一个整体。

图 11-21 给出了结构示意图和施工照片。

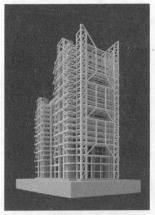

(a) "高塔"结构图　　　　　　　(b) "高塔"施工现场

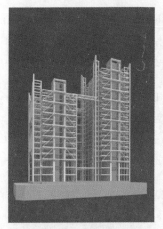

(c) "矮塔"结构图正面　　　　　(d) "矮塔"施工现场正面

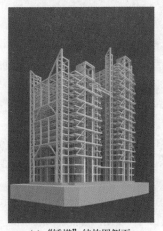
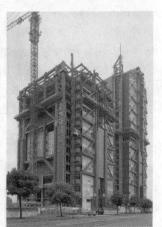

(e) "矮塔"结构图侧面　　　　　(f) "矮塔"施工现场侧面

图 11-21　结构示意图与施工现场对比

参 考 文 献

References

[1] 川口卫，阿部优，松谷宥彦，等．建筑结构的奥秘：力的传递与形式[M]．北京：清华大学出版社，2012．

[2] 范钦珊．工程力学：工程静力学与材料力学[M]．北京：机械工业出版社，2002．

[3] HU H Y. Vibration Mechanics：A Research-oriented Tutorial[M]．Beijing：Science Press，2022．

[4] HIBBELER R. C. Structural Analysis[M]. 9th ed. New Jersey：Pearson Prentice Hall，2015．

[5] 国家铁路局．铁路桥涵设计规范：TB 10002—2017[S]．北京：中国铁道出版社，2017．

[6] 国家铁路局．高速铁路设计规范：TB 10621—2014[S]．北京：中国铁道出版社，2014．

[7] 高健．工程力学[M]．2 版．北京：科学出版社，2010．

[8] KENNETH M. L，UANG CM，JOEL T. L，et al. Gilbert. Fundamentals of Structural Analysis[M]. 5th ed. New York：McGraw-Hill Education，2018．

[9] 李廉锟．结构力学：上册，下册[M]．6 版．北京：高等教育出版社，2017．

[10] 龙驭球，包世华，袁驷．结构力学 I—基础教程[M]．4 版．北京：高等教育出版社，2018．

[11] 幕墙世界 Weckly. 魁北克大桥(Quebec Bridge)——这个世界第一成了结构力学的反面教材[EB/OL]．(2019-07-14)[2023-02-01]. https：//www. sohu. com/a/326755608-690248．

[12] MEGSON T. H. G. Structural and Stress Analysis[M]. 3rd ed. UK：Oxford，Butterworth-Heinemann，2014．

[13] 求是网．"火神"战瘟神——火神山医院 10 天落成记[EB/OL]．(2020-02-03)[2023-02-01]. https://mp. weixin. qq. com/s?_biz=MjM5NjQ1NjY4MQ==&mid=2663514710&idx=.2&sn = 1d667e1bc983767c8fea19b5cc572d71&chksm = bdde53d08aa9dac6983df6be8da35ece-76ff134d6b079ae82c405dcb8a901b3941da98aa5e1e&scene=27．

[14] TIMOSHENKO S. P，YOUNG D. H. Engineering Mechanics[M]．4th ed. New York：McGraw-Hill Education，1956．

[15] TIMOSHENKO S. P. 材料力学史[M]．上海：上海科学技术出版社，1981．

[16] 腾讯网．全球 8 大竹子建筑[EB/OL]．(2021-10-12)[2023-02-01]. https：//new. qq. com/rain/a/20211012A02TXM00．

[17] 说桥．奇拉贾拉大桥坍塌事故的调查[EB/OL]．(2021-05-03)[2023-02-01]https：//baijiahao. baidu. com/s? id=1701179019830155621&wfr=spider&for=pc．

[18] 中华人民共和国住房和城乡建设部．钢结构设计标准：GB 50017—2017[S]．北京：中国建筑工业出版社，2017．

[19] 中华人民共和国住房和城乡建设部．木结构设计标准：GB 50005—2017[S]．北京：中国建筑工业出版社，2017.

[20] 张伟伟，薛书杭，王志华．树枝上的小鸟——趣说刚体平衡[J]．力学与实践，2019，41（02）：131-134.

[21] 桥梁杂志．桁架桥的演变——大道至简[EB/OL]．(2018-11-27)[2023-02-15].
https：//baijiahao. baidu. com/s? id＝1618251382236702945&.wfr＝spider&.for＝pc.